28° S
Dundee
Buffalo River
Umfolozi
1743 m
Tugela
Ferry
Tugela
Keate's Drift
KwaLatha
Eshowe
29° S
Tugela
Mooi River
Greytown
Tugela
Stanger
Pieter-
maritzburg
Indian Ocean
Pinetown
Durban
30° S
31° E
32° E

AFRICAN DOLLS
AFRIKANISCHE PUPPEN

FRANK JOLLES

AFRICAN DOLLS
AFRIKANISCHE PUPPEN

THE DULGER-COLLECTION

ARNOLDSCHE

CONTENTS

INHALTSVERZEICHNIS

DOCUMENTS OF CHANGE – SIGNALLING NEW DEPARTURES: DOLLS IN THE DULGER-COLLECTION MADE IN SOUTH AFRICA FOR SALE

STEFAN EISENHOFER, MUNICH

First the men had to migrate, then the things. The story of how these dolls came into being starts with the absence of the majority of the male population due to the role forced on them as migrant workers in the cities and mines of South Africa. The women, left behind in rural regions that were often extremely barren, had to master that difficult situation and come up with new survival strategies. And dolls helped them to do so. In a socially deprived rural society, dolls attained new significance and assumed new qualities. Dolls had until then been used as toys, as aids to education and – to alleviate problems arising in pregnancy or to combat infertility – as ritual objects. Now they became merchandise to be sold to city dwellers and tourists. The little figures soon developed into an important, often the sole, source of income for women living in the country.

Dolls made in South Africa for the market, therefore, symbolise on the one hand the marginalisation of black rural demographic groups in former South Africa. On the other, they are diminutive monuments to new departures, courage and "refusing to let oneself be put down". They embody a striving for creating perspectives where, from our standpoint, none would seem to exist. As symbols for overcoming marginalisation they represent a remarkable attempt at overcoming the unsustainability of the rural economy affecting black demographic groups in South Africa.

The dolls also stand for re-orientation, a movement outwards rather than inwards. What they signalise is no longer directed primarily at members of the society that made them, who would be able to decode the messages transmitted by their clothing, jewellery, ornaments or hairstyles, but instead at foreign purchasers from outside the community. Consequently, the beadwork displayed on the dolls is usually now merely decorative, no longer loaded with important social connotations. So these dolls also express the interplay between domestic South African and external aesthetic preferences. They are prime examples of how such preferences can be made to converge. Globality in localism is also shown in the circumstance that these dolls quite often reveal portrait-like individuality – unlike traditional representations informed by abstract symbolism.

DOKUMENTE DES UMBRUCHS – SIGNALE DES AUFBRUCHS: DIE SÜDAFRIKANISCHEN HANDELSPUPPEN DER SAMMLUNG DULGER

STEFAN EISENHOFER, MÜNCHEN

Zunächst mussten die Männer wandern, dann die Dinge. Die Abwesenheit des größten Teils der männlichen Bevölkerung durch ihre erzwungene Rolle als Wanderarbeiter in den Städten und Minen Südafrikas steht am Anfang der Entstehungsgeschichte dieser Puppen. Die Frauen, zurückgelassen in oft außerordentlich unfruchtbaren ländlichen Regionen, hatten diese schwierige Situation zu meistern und neue Überlebensmöglichkeiten zu finden. Und dabei halfen die Puppen. In einer sozial ausgezehrten ländlichen Gesellschaft erlangten diese eine neue Bedeutung und neue Dimensionen. Bis dahin hatten Puppen als Spielzeug, als Erziehungshilfen und als Ritualgegenstände – etwa bei Schwangerschaftsproblemen oder Unfruchtbarkeit – gedient. Nun wurden sie zu Handelsware für den Verkauf an Leute aus den großen Städten und an Touristen. Die kleinen Figuren entwickelten sich schnell zu einer wichtigen und oft einzigen Verdienstmöglichkeit für Frauen auf dem Lande.

Die Handelspuppen aus Südafrika sind so einerseits Symbole für die Ausgrenzung der schwarzen ländlichen Bevölkerungsgruppen im damaligen Südafrika. Gleichzeitig sind sie aber auch kleine Monumente des Aufbruchs, des Lebensmuts und des »Sich-nicht-Unterkriegen-Lassens«. Sie verkörpern das Bestreben, sich auch dort Perspektiven zu schaffen, wo sich aus unserem Blick keine mehr bieten. Als Symbole des Überwindens von Ausgrenzung sind sie ein bemerkenswerter Versuch, die Nicht-Überlebensfähigkeit der ländlichen Ökonomie der schwarzen Bevölkerungsgruppen in Südafrika zu durchbrechen.

Gleichzeitig stehen die Puppen aber auch für die Neuorientierung nach außen anstatt nur nach innen. Denn ihre Signalwirkung richtet sich in erster Linie nicht mehr an die Mitglieder der eigenen Gemeinschaft, die die Botschaften an Kleidung, Schmuck, Ornamenten oder Frisuren entschlüsseln konnten, sondern an die fremden Käufer jenseits der eigenen Gesellschaft. Entsprechend sind etwa die an den Puppen zu sehenden Perlenarbeiten meist nur noch dekorativ und nicht mehr mit wichtigen sozialen Bedeutungen aufgeladen. So sind sie zugleich Ausdruck des Wechselspiels einheimischer ästhetischer Vorlieben mit jenen von außen sowie ein gelungenes Beispiel dafür, diese miteinander in Einklang zu bringen. Die Globalität im Lokalen zeigt sich auch darin, dass die Puppen nicht selten eine gewisse individuelle Porträthaftigkeit aufweisen – im Gegensatz zu traditionellen Erscheinungsformen, die von abstrakter Symbolik geprägt sind.

Leather dolls from southern Africa, collected by C.-A. Lamarepicquot in the first half of the 19th cent. Bought by King Ludwig I of Bavaria in 1841. Today in the Staatliches Museum für Völkerkunde [State Museum of Ethnology] in Munich; Inv. Nos. L. 956 + 957.

Lederpuppen aus dem südlichen Afrika, gesammelt in der 1. Hälfte des 19. Jahrhunderts durch C.-A. Lamarepicquot. Angekauft 1841 durch König Ludwig I. von Bayern. Heute im Staatlichen Museum für Völkerkunde München; Inv.-Nr. L. 956 + 957.
Photo: Marianne Franke, SMV

Hence the South African trade dolls stand for both the increasing commercialisation of the world as such and the loss of traditional rural ways of life in South Africa. However, they also demonstrate their makers' creativity and ability to adapt and change. Their skill in successfully transforming an inherent quality of their own to suit foreign wishes, ideas and yearnings is clearly discernible. This inherent quality does become merchandise for foreigners to buy. However, it has not been abandoned; assured re-arrangement of signs, signals, colours and materials has made it utilisable in a new way in a state of radical change.

So there is a lot to discover in the dolls collected by Frank Jolles in the 1980s. A German professor with roots in Heidelberg, he taught for a decade in the Zulu core area of South Africa, where he still lives and researches. Although all too often collections of African works remain a hotchpotch of mismatched pieces, whose creators, dates or even region of origin are for the most part unknown, Frank Jolles meticulously noted the place and time of collection and the maker's name of each doll. Thus an excellently documented collection in the best sense of the term came into being.

Die südafrikanischen Handelspuppen stehen so einerseits für die zunehmende Kommerzialisierung der Welt an sich und für den Verlust traditioneller ländlicher Lebenswelten in Südafrika. Sie verdeutlichen aber auch die Kreativität und die Aneignungs- und Wandlungsfähigkeit ihrer Schöpferinnen. Deren Geschick, Eigenes gemäß fremden Wünschen, Vorstellungen und Sehnsüchten umzuwandeln und umzusetzen, ist durchweg sichtbar. Das Eigene wird dabei zwar durchaus zur Ware für Fremde. Es wird aber durch eine souveräne Neu-Anordnung von Zeichen, Signalen, Farben und Materialien nicht einfach auf- und preisgegeben, sondern in einer Umbruchsituation auf neue Art nutzbar gemacht.

Es ist also vieles zu entdecken an den Puppen, die von Frank Jolles, dem deutschen Professor mit Heidelberger Wurzeln, der seit Jahrzehnten in Südafrika im Zulu-Kerngebiet lehrte und noch heute lebt und forscht, in den 1980er Jahren zusammengetragen wurden. Während allzu oft Sammlungen mit afrikanischen Werken nur ein Sammelsurium von Stücken bilden, bei denen man weder die Schöpfer oder Schöpferinnen noch die Herstellungszeit oder die Herkunftsregion genau kennt, zeichnete Frank Jolles akribisch Sammelort, Sammelzeit und die Namen der Herstellerinnen jeder Puppe auf. Entstanden ist so eine exzellent dokumentierte Sammlung in bestem Sinne.

Die außerordentlich spannenden gesellschaftlichen Hintergründe und die einzigartige Dokumentation der Sammlung waren es auch, die sie für ein öffentliches Museum wie das Staatliche Museum für Völkerkunde München attraktiv gemacht hätten. Doch leider fehlten für einen Ankauf die finanziellen Mittel. Es ist daher ein Glücksfall, dass sich der Heidelberger Unternehmer Professor Dr. h. c. Viktor Dulger für die Sammlung des »Heidelberger Südafrikaners« Jolles begeistern ließ und sich begeistern konnte. Ein weiterer glücklicher Umstand ist, dass er die Sammlung geschlossen in jene Stadt zurückholte, wo sie bereits im Jahre 1999 im Völkerkundemuseum der J. & E. von Portheim-Stiftung unter der Leitung von Dr. Walter Böhning öffentlich zu sehen war. Besonders hoch zu schätzen ist dabei, dass die Sammlung vollständig nach Heidelberg zurückkehrte und nicht in einen für den Kunstmarkt lukrativen und in einen dafür weniger interessanten Teil aufgespalten wurde.

Die Puppen der Sammlung Dulger wurden zwar im späten 20. Jahrhundert unter besonderen historischen und gesellschaftlichen Bedingungen geschaffen, knüpfen jedoch an eine Tradition an, die in Südafrika weit zurückreicht. So zählen zu den nachweislich ältesten Werken der Afrika-Sammlung des Staatlichen Museums für Völkerkunde München fünf Lederpuppen, die von dem berühmten Arzt, Naturwissenschaftler und Reisenden Christophe-Augustin Lamarepicquot im frühen 19. Jahrhundert erworben worden sind. Diese Puppen bilden einen wichtigen Grundstein des heutigen Museums und stellen mittlerweile gesuchte Kostbarkeiten dar. Doch ebenso wie die Puppen der Sammlung Dulger sind diese Lederpuppen vor 170 Jahren offenbar nie bei rituellen Handlungen oder zum Spielen in Südafrika benutzt worden, sondern sie wurden seinerzeit wohl als eine Art »Trachtenpuppen« für den Verkauf geschaffen.

The extraordinarily exciting social background of these pieces and the unique documentation of the collection were the factors that made the collection so attractive for a public museum such as the Staatliches Museum für Völkerkunde [State Museum of Ethnology] in Munich. Unfortunately, however, there were no funds to buy it. Luckily, the Heidelberg entrepreneur Professor Dr. h.c. Viktor Dulger became enthusiastic about it. Another fortunate circumstance is that he has returned this collection in one piece to the city where it had been publicly displayed in the ethnographic museum operated by the J. & E. von Portheim Foundation curated by Dr. Walter Böhning in 1999. It is particularly gratifying that the entire collection has returned to Heidelberg and has not been split up into one part that would be lucrative for the art market and another, less interesting section.

The dolls in the Dulger-Collection were made in the late twentieth century under unique historical and societal conditions. Nonetheless, they link up with a tradition that looks back on a long history in South Africa. Among the earliest works of verified date in the African collection at the Staatliches Museum für Völkerkunde in Munich are five leather dolls acquired in the early nineteenth century by the celebrated physician, scientist and traveller Christophe-Augustin Lamarepicquot. Those dolls form an important nucleus of the present-day museum collections and by now are much sought-after collector's items. However, like the dolls in the Dulger-Collection, the leather dolls in the Staatliches Museum für Völkerkunde collections, which are one hundred and seventy years old, were evidently never used for ritual observance or even as playthings. They, too, were probably made for sale as a sort of "costume doll".

For a long time works produced by members of the black majority population in South Africa tended to be neglected. In that sense, the dolls were even overlooked in two respects because, as products made by women, hence part of the female societal sphere, they were not particularly appreciated by collectors, who were mainly men. That is why it is so gratifying that, works of this kind are now appreciated as they deserve to be, not only within South Africa but also beyond the country's borders.

Consequently, the dolls made for sale by Zulu women and the status they enjoy today not only reflect changes in Zulu society but also throughout South Africa and ultimately worldwide. And finally, these dolls and "traditional" dolls have one important feature in common: both have always helped individuals and communities to survive in hard times, thus ensuring social continuity.

Lange wurden die Schöpfungen von Angehörigen der schwarzen Bevölkerungsmehrheit in Südafrika weitgehend vernachlässigt. Die Puppen wurden in diesem Sinne sogar in doppelter Hinsicht ignoriert, da sie als Erzeugnisse von Frauen und als Bestandteil der weiblichen Gesellschaftssphäre von den überwiegend männlichen Sammlern üblicherweise nicht besonders geschätzt wurden. Es ist daher erfreulich, dass solche Werke nicht nur innerhalb Südafrikas, sondern auch außerhalb dieses Landes gewürdigt werden.

Die Handelspuppen der Zulu-Frauen und ihre Einschätzung sind demnach nicht nur ein Spiegel der sich verändernden Welt der Zulu, sondern des gesamten Südafrika und letztlich der ganzen Welt. Und schließlich bleibt zwischen ihnen und den »traditionellen« Puppen eine wichtige Gemeinsamkeit: Beide halfen und helfen dem Einzelnen und der Gemeinschaft in schwierigen Phasen beim Überleben und sorgen für den Fortbestand der Gesellschaft.

ZULU-DOLLS OF THE
DULGER-COLLECTION
DIE ZULU-PUPPEN
DER SAMMLUNG DULGER

BACKGROUND TO THE CONTEMPORARY CRAFTS MOVEMENT

We live in transitional times. Nowhere is this more true than in the former agrarian communities of rural South Africa. Shielded in many respects from the encroachments of the industrial state by the enforcement of apartheid legislation they continued in their traditional ways until well into the second half of the twentieth century. These are the so-called "Fourth World" entities.

Apart from agriculture they subsisted on the earnings of their menfolk in the cities and on transfer payments from the state. However, this seemingly stable environment was destined to be undermined by a number of social and political developments. The most far-reaching of these were the provision of educational facilities in the 1960s and the increasing demand for labour in the cities. Improved transportation, the introduction of country bus services in the 1970s, and access to information about the outside world through portable FM radios and TV (1976)[1] also played an important role.

During the final phase of the "struggle period" (early 1990s) the violence which had been directed at the townships was carried to the countryside. It continued into the election (1994) and post election period in the form of political rivalry between adherents of the two main parties, the African National Congress (ANC) and the Inkatha Freedom Party (IFP). Subsequently it degenerated into criminal activities. This was particularly true of KwaZulu-Natal. Both commercial and subsistence farming were plagued by theft.[2] Many people abandoned their homes and moved to "informal settlements" around the cities hoping to find work. The effect was to increase rural dependence. Against this background the commercialisation of crafts offered a prospect of generating income.[3]

It had long been the policy of the IFP to encourage traditional crafts. Under the separate education policy of the apartheid era they formed part of the school syllabus.[4] Yet with the increasing penetration of the industrial state the internal market for many craft products had largely evaporated. In order to succeed, a revitalised craft industry would have to address an entirely new market, one namely, that appealed to outsiders: urban whites or tourists from abroad.

Within this general scenario dolls occupied a special situation. They never had a "use" in the sense that the sought after wooden headrests and milking pails did, – nor could they strive after an analogous perfection of form that transcended any utilitarian function. On the other hand they did show great potential for evolving beyond their roots in traditional prototypes into something essentially new to their cultural environment.

HINTERGRÜNDE DER HEUTIGEN KUNSTHANDWERKS-BEWEGUNG

Wir leben in einer Zeit der Übergänge – das trifft in ganz besonderem Maß auf die einstigen bäuerlichen Gemeinschaften im ländlichen Südafrika zu. Da sie durch die Apartheid, die institutionalisierte Rassentrennung und ihre Gesetze, in vielerlei Hinsicht gegen das Vordringen der Industrialisierung abgeschirmt waren, blieben sie bis über die Mitte des 20. Jahrhunderts hinaus bei ihrer althergebrachten Lebensweise. Sie werden üblicherweise als »Vierte-Welt-Gesellschaften« bezeichnet.

Ihren Lebensunterhalt bestritten sie aus der Landwirtschaft, den Einkommen der in den Städten arbeitenden Männer sowie aus Transferleistungen des Staates. Diese anscheinend stabile wirtschaftliche Grundlage wurde durch Entwicklungen auf dem politischen und sozialen Sektor allmählich unterhöhlt. Von größter Wirkung waren dabei die ab den 1960er Jahren zunehmende Zahl von Erziehungseinrichtungen und die steigende Nachfrage nach Arbeit in den Städten. Auch die Verbesserungen im Transportwesen, der Aufbau eines Überland-Busnetzes in den 1970er Jahren sowie der dank tragbarer UKW-Radios und Fernseher (1976)[1] freie Zugang zu Informationen über das Weltgeschehen spielten hier eine wesentliche Rolle.

1 Landscape at KwaLatha 1989. Note the soil erosion due to overgrazing and foraging for fire wood.

Landschaft um KwaLatha 1989. Die starke Bodenerosion kommt von der Überweidung und auch der Feuerholzbeschaffung.
Photo: Frank Jolles.

Während der letzten Phase, der »Zeit von Kampf und Widerstand« in den frühen 1990er Jahren, erreichte die zunächst auf die Townships (die Wohngegenden der schwarzen, farbigen und indischen Bevölkerung) konzentrierte Gewalt auch die ländlichen Bezirke. Sie setzte sich fort bis zu den ersten freien Wahlen im April 1994 und darüber hinaus, als es zum politischen Tauziehen zwischen den beiden Hauptparteien, dem African National Congress (ANC) und der Inkatha Freedom Party (IFP), kam. Später degenerierte der Kampfgeist zu kriminellen Aktivitäten, wovon insbesondere die Provinz KwaZulu-Natal betroffen war: Sowohl die Großfarmen als auch die Subsistenz-Wirtschaft wurden von einer Diebstahlswelle überrollt.[2] Viele Menschen gaben ihre Häuser auf und ließen sich in sogenannten informellen Siedlungen (Slums) an den Rändern der Städte nieder, immer in der Hoffnung, dort Arbeit zu finden. Doch die Abhängigkeit der ländlichen Gebiete nahm zu. Im Zuge dieser Entwicklung eröffnete die Kommerzialisierung des Kunsthandwerks die Aussicht auf neue Einkommensquellen.[3]

FOR AND AGAINST "CULTURE-BROKERS"

The problem facing Zulu doll-makers was how to bridge the divide separating their life experience from that of their prospective clients. This often involved intermediaries, so-called "culture brokers", who proffered advice on what would and would not sell. It was the route chosen by the African Art Centre in Durban when they decided to market handicrafts produced by black women from the surrounding countryside. Their staff offered advice on many aspects of doll production, and then accepted only those items for sale, which complied more or less with their own aesthetic principles.[5] The resulting works usually depicted scenes taken from white middle-class life, as that was the ambiance with which the culture brokers (and, indeed, their potential clients) were most conversant – a white mother wheeling her baby, a black nanny wheeling a large pram, four white ladies playing tennis, a "maid" with tray, and so on.

2 The African Arts Centre, Durban, 1988.
Das African Art Centre (Zentrum für afrikanische Kunst) in Durban, 1988.
Photo: Frank Jolles.

3 Women with prams. Note that in black culture babies are always carried on the back. Left: doll by Mavis Mchunu "White mother and baby", Height 19 cm, 1984; right: doll by Celani Nojiyeza "Black mother and baby", Height 18 cm, 1987. (Compare *African Arts* 24/1, p. 71)
Frauen mit Kinderwagen. In der schwarzafrikanischen Kultur hingegen tragen die Mütter ihre Kinder stets in Tüchern auf dem Rücken. Links: Puppe von Mavis Mchunu »Weiße Mutter mit Baby«, Höhe 19 cm, 1984; rechts: Puppe von Celani Nojiyeza »Schwarze Mutter mit Baby«, Höhe 18 cm, 1987. (Siehe *African Arts* 24/1, S. 71)

Die IFP verfolgte lange Zeit das Ziel, die einzelnen Zweige des traditionellen Kunsthandwerks zu fördern. Unter der von der Rassentrennung bestimmten Erziehungspolitik der Apartheidepoche waren sie Bestandteil der Schullehrpläne.[4] Doch mit dem zunehmenden Vordringen der Industrialisierung brach der Binnenmarkt für viele Kunsthandwerks-Produkte großflächig zusammen. Ein neubelebtes Kunsthandwerk musste sich einen vollkommen neuen Markt erschließen, einen, der auf die bisherigen »Außenseiter« abzielte: die weißen Städter und ausländische Touristen.

Innerhalb dieses allgemeinen Szenarios nahmen die Puppen eine Sonderstellung ein: Weder besaßen sie jemals einen »Nutzen«, wie etwa Kopfstützen oder Melkeimer aus Holz, noch hatte man bei ihnen jemals eine entsprechende »Formvollendung« angestrebt, die über den funktionellen Gebrauch hinausreichte. Andererseits bargen sie ein großes Potenzial zur Herausbildung von etwas gänzlich Neuem, das es in ihrem kulturellen Umfeld bislang nicht gegeben hatte und das jenseits ihrer Wurzeln in althergebrachten Puppen-Prototypen lag.

DIE »KULTUR-BROKER«

Dabei sahen sich die Zulu-Puppenmacherinnen vor ein Problem gestellt: Sie mussten die Kluft überbrücken, die ihre eigene Lebenswirklichkeit von der ihrer zukünftigen Kunden trennte. Als Vermittler zog man häufig sogenannte »Kultur-Broker« heran und fragte sie, was sich ihrer Meinung nach verkaufen lassen würde und was nicht. Als das African Art Centre in Durban beschloss, Handarbeiten schwarzer Frauen aus dem Umland auf den Markt zu bringen, schlug man dabei diesen Weg ein: Die Mitarbeiter erteilten zu etlichen Aspekten der Puppenherstellung ihren Rat und wählten später auch nur solche Objekte zum Verkauf aus, die mehr oder weniger deutlich an ihren eigenen ästhetischen Vorlieben ausgerichtet waren.[5] Die aus dieser Geschäftspolitik resultierenden Arbeiten zeigten überwiegend Szenarien aus dem Leben der weißen Mittelklasse, denn damit waren die Kulturvermittler (wie auch ihre potenziellen

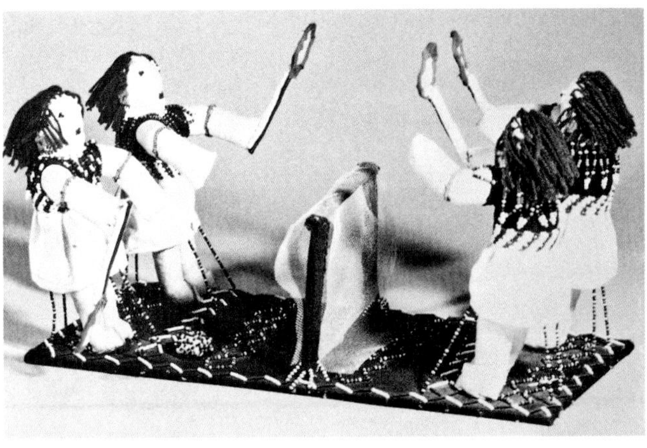

4 Dolls by Mavis Mchunu "Girls playing tennis", Height 22 cm, 1984. (Compare *African Arts* 24/1, p. 72)
Puppen von Mavis Mchunu »Tennis spielende Mädchen«, Höhe 22 cm, 1984. (Vgl. *African Arts* 24/1, S. 72)

These were complemented by beaded replicas of industrial products such as radios, helicopters, aeroplanes (with feet!), but also a variety of popular animals. Some themes might have taxed the sensibilities of the intended buyers, for instance a beaded crucifixion with a cute, doll-like (white) Jesus, or a midwife in the process of delivering a black baby that has just poked its head out between its mother's legs.

5 + 5 (Detail) Doll by Sizakhele Mchunu "Crucifixion", 1988.
Puppe von Sizakhele Mchunu »Kreuzigung«, 1988. Photo: Frank Jolles.

In all these cases the divide separating the producers from their clients was overcome by moving into the cultural environment of the clients. Looking at these dolls we learn nothing at all about the social environment of the producers or their concerns. Indeed the figures themselves were derived from "felt dolls made by handicapped people" (Preston-Whyte 1991:64), rather than from traditional prototypes. The beadwork is purely decorative: it has lost any intrinsic significance if ever it had one. The appeal of these artefacts derived from the alienation effect of recognising familiar scenes in an unfamiliar, diminutive medium.

They were intended for display rather than as playthings. The African Art Centre referred to them as "Bead *Sculptures*", – thereby categorising them as works of art from a European perspective. Yet, surprisingly, working to an alien target culture did not stifle the creativity with which some of the producers approached their tasks. For Thembi Mchunu, a *isangoma* [diviner-healer], creating an image was clearly a meditative process linking her life as a healer to the process of creation: "I think about what I am going to make for a while before I begin... I like to be alone when I do this. When I think, I get ideas both for my medicines and for my dolls..." (Thembi Mchunu, 1990 in Preston-Whyte 1991: 67).

Kunden!) am besten vertraut: etwa eine weiße Mutter, die ihr Kind spazieren fährt, eine schwarze Nanny, die einen großen Kinderwagen schiebt, vier weiße Damen beim Tennisspielen, ein »Dienstmädchen« mit Tablett und viele andere Szenen mehr (siehe folgende Abbildungen).

Dazu kamen perlenverzierte »Nachbildungen« moderner technischer Errungenschaften wie Radios, Helikopter, Flugzeuge (mit Füßen!), aber auch eine Vielfalt bekannter Tierarten. Dabei mögen manche Sujets das Feingefühl der ins Auge gefassten Käufer durchaus strapaziert haben: so etwa eine Kreuzigungsdarstellung mit einem süßen, puppen-ähnlichen (weißen) Jesusknaben oder die Szene mit einer Hebamme bei der Geburtshilfe für ein schwarzes Baby, dessen Köpfchen bereits zwischen den Beinen seiner Mutter zu sehen ist.

Bei diesen Themen überbrückten die Puppenmacherinnen die Kluft zwischen sich und ihrer Kundschaft, indem sie sich in deren Kultur, in deren Welt hineinversetzten. Diese Puppen vermitteln nichts über das soziale Umfeld ihrer Produzentinnen oder deren Belange. Tatsächlich war diese Art von Puppen eher von den »Filzpuppen aus Behindertenwerkstätten« (Preston-Whyte 1991, S. 64) abgeleitet als von den traditionellen, überlieferten Prototypen der Schwarzen. Auch der Perlenzierrat ist hier reine Dekoration: Sollte er je eine eigene Bedeutung besessen haben, so ist sie verloren gegangen. Der Reiz dieser Artefakte liegt allein im Verfremdungseffekt – dem Wiedererkennen vertrauter Szenarien in einem ungewohnten, stark verkleinerten Kontext.

6 "Maid with tray", for sale at the African Art Centre, 1988.
»Schwarzes Dienstmädchen mit Tablett«, zum Verkauf im African Art Centre, 1988.
Photo: Frank Jolles.

Sie waren auch eher als Ausstellungsstücke, nicht zum Spielen gedacht. Das African Art Centre bezeichnete sie als »Perlen-Skulpturen« und ordnete sie damit der Kategorie »Kunstgegenstände« zu – allerdings aus europäischer Perspektive. Überraschenderweise tat die Arbeit für eine fremde »Zielkultur« der Kreativität, mit der einige Puppenmacherinnen ans Werk gingen, keinen Abbruch. Für Thembi Mchunu, eine Sangoma [Wahrsagerin und Heilerin], stellte die Fertigung einer Puppe – eines Bildnisses – einen meditativen Akt dar, der ihr Dasein als Heilerin mit dem Prozess der Schöpfung verband: »Ich denke vorher eine Weile darüber nach, was ich machen werde, bevor ich beginne ... Dabei möchte ich alleine sein. Beim Nachdenken bekomme ich Ideen für beides, für meine Medizin und für meine Puppen ...« (Thembi Mchunu, 1990, in Preston-Whyte 1991, S. 67).

Der alternative Ansatz zu den »Culture Brokern« bestand darin, es den Puppenmacherinnen selbst zu überlassen, das Interesse möglicher Kunden zu wecken – mit anderen Worten, selbst einen Markt zu schaffen bzw. zu suchen. In

The alternative approach to that of the "culture broker" was to leave the doll-makers to work out for themselves how best to stimulate the interest of their prospective clients, in other words, how to create a market. The only "guidance" in that case would be the feedback derived from their own experience: which dolls sold and which did not. This, essentially, was what happened when the Dulger-Collection was put together between 1988 and 1994. No explanation was forthcoming why such and such a doll was purchased whilst another (possibly a much more "beautiful" one) was not. It became a matter of endless speculation why, for instance, an "untidy" doll by Hluphekile Zuma was selected, whilst a much tidier, indeed perfectionist one by Japha Buthelezi was left behind. However, at the end of the day a sort of consensus emerged: the doll-makers of KwaLatha, Keate's Drift came to the conclusion that it was their customers' interest in Zulu culture, society and history – as reflected in the dolls and in their own lives – that induced their clients to part with their money. This becomes apparent from the descriptions and interpretations of the dolls which are recorded in the next part of this survey. As a result the dolls were integrated into a society which reflected the real world of their makers. They are not "stand alone" individual creations. On the contrary: we read that such and such a doll represents "an *ithwasa*, a trainee or diviner's apprentice", she is being trained by another doll who is "a fully fledged *isangoma*, diviner", and so on. Far from being "sculptures" designed to be displayed in isolation on a shelf or in a drawing room cabinet these dolls have never entirely broken the link with the playthings from which they were derived. One must look at groups rather than individuals. The three dolls based on maize cobs (fig. 7) derived from toys made by 8- or 9-year-old girls naturally interact with one another.

7 Toy dolls by Hluphekile Zuma based on mielie-cobs "Christian lady talking to two traditionalists", 1989 (see also fig. 46–48).

Spielpuppen von Hlupekile Zuma aus Maiskolben »Christin im Gespräch mit zwei Zulu-Traditionalistinnen«, 1989 (siehe auch Abb. 46–48).
Photo: Action Photos, Pietermaritzburg.

8 Cob cattle by Kwazikunaye Zuma, 1988 (see also fig. 49, 50, 51, 153).

Maiskolben-Rinder von Kwazikunaye Zuma, 1988 (siehe auch Abb. 49, 50, 51, 153).
Photo: Action Photos, Pietermaritzburg.

Arranged as in the accompanying image the left hand doll (fig. 48), recognisable as a Christian woman by her dress, seems to be gesticulating with open arms at the other two (fig. 46, 47) who are clearly traditional married women wearing their *izidwaba* [hide skirts] under their cloaks. The cob cattle made by boys of about the same age are also interactive. Pointing their curved horns aggressively at each other they typically emit loud threatening mooing sounds.

To a greater or lesser extent, all of the dolls in this collection participate in interactive social relationships. This link with the "real" world is only broken in the next generation, that of Lobolile Ximba, Hluphekile Zuma's daughter. In her work, what were previously

diesem Fall gäbe es nur eine einzige »Leitlinie«: die auf eigener Erfahrung beruhende Erkenntnis, welche Puppen sich verkaufen ließen und welche nicht. Und genau das geschah im Grunde beim Aufbau der Sammlung Dulger in den Jahren 1988 bis 1994. Es wurde keine Erklärung dazu abgegeben, weshalb diese oder jene Puppe gekauft und eine andere (möglicherweise viel »schönere«) nicht. Und so bot es Anlass zu endlosen Spekulationen, weshalb beispielsweise eine »unordentlich gestaltete« Puppe von Hluphekile Zuma ausgewählt wurde, während eine andere, wesentlich ordentlichere, wirklich perfekte von der Hand Japha Buthelezis zurückblieb. Doch wie auch immer, zu guter Letzt bildete sich eine Art Konsens heraus: Die Puppenmacherinnen von KwaLatha, Keate's Drift, gelangten zu dem Schluss, es sei das Interesse der Kunden an Kultur, Gesellschaft und Geschichte der Zulu, welches sie veranlasste, ihre Puppen zu erwerben. Weit entfernt davon, ein einsames Dasein als Skulpturen auf einem Regal oder in einem Vitrinenschrank zu fristen, ist die Verbindung zwischen diesen Puppen und jenen Spielzeugen, aus denen sie entstanden sind, niemals ganz abgebrochen. Man muss sich mehr auf die Gruppe als solche konzentrieren als auf ihre einzelnen Mitglieder. Die drei Maiskolben-Puppen (Abb. 7) gehen auf Typen zurück, wie acht- oder neunjährige Mädchen sie anfertigen, und nehmen ganz ungezwungen Bezug aufeinander.

9 Philisiwe Mchunu, aged 14, with a doll by Hluphekile Zuma "*Inkhosikazi*" ["married lady", "senior wife"], height 146 cm, 1990.

Die 14-jährige Philisiwe Mchunu mit einer Puppe von Hluphekile Zuma »Inkhosikazi« [»verheiratete Frau« oder »ältere Ehefrau«], Höhe 146 cm, 1990. Photo: Frank Jolles.

Die linke Puppe (Abb. 48), an ihrer Kleidung als Christin zu erkennen, scheint mit offenen Armen zu gestikulieren und auf die beiden anderen Frauen einzureden, die mit ihren *izidwaba* [ledernen Röcken] unter den Umhängen eindeutig verheiratete Traditionalistinnen darstellen. Auch die Maiskolben-Rinder aus den Händen der etwa gleichaltrigen Jungen sind auf Interaktion ausgerichtet: Während sie mit ihren gekrümmten Hörnern herausfordernd aufeinander zeigen, stoßen sie ihre typischen, lauten, drohenden Muh-Laute aus.

Alle Puppen dieser Sammlung stehen in mehr oder weniger ausgeprägten interaktiven Sozialbeziehungen zueinander. Diese Verbindung zur »realen« Welt zerbricht erst in der nächsten Generation – der von Lobolile Ximba, Hluphekile Zumas Tochter. Bei ihr wandeln sich die bisherigen Einzelschöpfungen zu Stereotypen. Ein Charakteristikum ihrer Puppen: Sie stehen nicht länger auf ihren eigenen beiden Füßen, vielmehr sind sie auf Sockeln befestigt und lösen sich dadurch aus ihrer Umgebung heraus.

individual creations become stereotypes. Characteristically, most of her dolls no longer stand on their own two feet but are attached to pedestals that set them off from their surroundings.

Initially the doll-makers copied the dolls they themselves had played with or made as courting presents. As they grew more familiar with their market and the various craft outlets which they visited in the towns they expanded their repertoire to include representations of the country people around them. These were developments of the basic dolls both with regard to size and complexity; in the later stages some were 120 cm or more tall.

As dolls they remained abstract reductions of life. They are defined by signifiers indicating clan, age, marital status, social relationships, etc., which are usually meticulously accurate. In the course of time the depictions became ever more detailed and sophisticated moving from classes of people, such as engaged girl / young wife / senior wife, etc. to individual portraits of particular people. Within this type of "African portraiture" as defined by social standing (rather than individual features) there was no room for images derived from the world of white city dwellers or farmers.

11 Very rare human figures created by boys, 6- or 7-year-olds in Hlabisa in 1996. Made of river clay, they are unfired. The girls' clay dolls (usually made by their mothers) do not display male genitals. Up to 80 mm high. Collection Karel Nel, Johannesburg.

Vier seltene Menschen-Figürchen, die 1996 von damals sechs- oder siebenjährigen Jungen in Hlabisa angefertigt wurden. Sie bestehen aus ungebrannter Fluss-Tonerde. Tonfiguren für Mädchen wurden meist von ihren Müttern modelliert und weisen keine männlichen Genitalien auf. Bis zu 80 mm hoch. Sammlung Karel Nel, Johannesburg.
Photo: Frank Jolles.

10 Dolls set out for sale in Hluphekile's house, KwaLatha, ca 1990. According to Hluphekile Zuma the large doll in the centre, an *itshitshi* ["teenager", "unmarried girl"], is wearing an *ibayi* [wraparound skirt], which indicates that she is engaged.

Puppen-Verkaufsausstellung in Hluphekile Zumas Haus, KwaLatha, um 1990. Laut Hluphekile Zuma war die große Puppe in der Mitte eine *itshitshi* [»Teenager«, unverheiratetes Mädchen], ihr *ibayi* [Tuch über dem Rock] zeigt, dass sie verlobt ist.
Photo: Frank Jolles.

Anfänglich kopierten die Frauen jene Puppen, mit denen sie selbst gespielt oder die sie als Umwerbungsgeschenke für ihre künftigen Männer angefertigt hatten. Mit zunehmender Kenntnis ihres Marktes und nach dem Besuch verschiedener Kunsthandwerks-Verkaufsstellen in den Städten erweiterten sie ihr Repertoire um typische Vertreter der sie umgebenden Landbevölkerung. Dabei handelt es sich sowohl in Hinsicht der Größe als auch der Komplexität um eine Weiterentwicklung der ursprünglichen Puppen – einige erreichten eine Höhe von 120 cm und mehr.

Die Puppen blieben jedoch abstrakte Verkleinerungen der Realität. Zu ihren typischen Merkmalen gehören die meist äußerst akkurat herausgearbeiteten Hinweise auf Clan, Alter, Familienstand, Sozialverhältnisse u.v.m. Im Lauf der Zeit wurden die Darstellungen immer detaillierter und subtiler; sie wandelten sich von etwa verlobtem jungem Mädchen / junger Ehefrau / älterer Ehefrau zu den individuell gestalteten Bildnissen bestimmter Einzelpersonen. Innerhalb dieses ganzen Genres der »afrikanischen Porträts«, die mehr durch den Sozialstatus als durch individuelle Züge charakterisiert sind, war kein Raum für Abbilder aus der Welt der weißen Großstädter oder Farmer.

HISTORICAL FUNCTION OF DOLLS IN ZULU SOCIETY

In Zulu society there were two basic types of dolls: toys made of clay and courtship dolls of cloth and beads.

CLAY DOLLS

The clay dolls themselves fall into two groups: those for boys and those for girls. The first are not dolls strictly speaking, but rather toy cattle. They are usually made by the boys themselves and fired by their mothers when they are making clay vessels. These figurines are not represented in the Dulger-Collection, but typical examples may be found in *Evocations of the Child.* [6]

12 Clay cattle made by Kwazikunaye Zuma, nine year old son of Hluphekile Zuma, length ca 9 cm, 1988.
Tonrinder von Kwazikunaye Zuma, dem neunjährigen Sohn Hluphekile Zumas, Länge ca. 9 cm, 1988. Photo: Action Photos, Pietermaritzburg.

The second group consists of human figures, usually made and fired by the mothers of the girls. Many have implanted beads as eyes, navel, etc., so they must be fired at a low temperature or the beads would melt. They are often dressed with tied-on cloth or fur. In spite of, or, perhaps indeed, because of the fact that they are so rudimentary they can be the most expressive of all the dolls, seeming to gaze out into the world with an expression of unalloyed astonishment. The collection contains nineteen dolls of this type (fig. 53–76). Such dolls are ubiquitous throughout southern Africa. They often betray very similar forms.[7] A number of Zulu examples dating back to the early twentieth century have survived in public collections.[8]

The clay dolls clearly reflect the gender roles of Zulu society. Cattle were the source of wealth and prestige. Their care was in the realm of men. This was reflected in the practice of sending the young boys from about 12 years old out to take the cattle to pasture.

The girls' clay dolls are more varied. They are often very superficially fired almost as if to emphasise their impermanence. In those by Sizeni MaNgubane Zuma (fig. 63–60) little more than a skin of semi-vitrified clay encloses a crumbly sandy interior.[9] Others are well fired. Yet they follow a tradition that goes back at least to the beginnings of the twentieth century. In those without clothes the over-emphasised female sexual attributes seem to characterise

HISTORISCHE FUNKTIONEN DER PUPPEN INNERHALB DER ZULU-GESELLSCHAFT

Die Zulu kannten zwei Grundtypen von Puppen: Spielzeug aus Ton und Brautwerbungspuppen aus Stoff und Perlen.

PUPPEN AUS TON

Die Tonfiguren lassen sich in zwei Gruppen unterteilen: in Spielzeug für Jungen und für Mädchen. Erstere waren keine Puppen im eigentlichen Sinn, vielmehr handelte es sich um Tiere bzw. Rinder aus Ton. Im Allgemeinen formten die Jungen sie eigenhändig und ihre Mütter brannten sie dann zusammen mit ihren eigenen Tongefäßen. Derartige Figürchen sind in der Sammlung Dulger nicht enthalten, doch findet man typische Beispiele in *Evocations of the Child*.[6]

Die zweite Gruppe von Tonfiguren sind Menschengestalten; sie wurden meist von den Müttern der Mädchen modelliert und gebrannt. Diejenigen mit Augen, Nabel u.a. aus eingelegten Perlen durften nur bei niedrigen Temperaturen gebrannt werden, da die Perlen sonst geschmolzen wären. Häufig tragen die Tonpuppen Gewänder aus lose umgelegten und verknoteten Stoff- oder Fellstreifen. Trotz – oder vielleicht gerade wegen – ihrer Schlichtheit sind sie oftmals am ausdrucksstärksten. Sie scheinen der Welt mit dem Blick reinen, ungetrübten Staunens zu begegnen. Die Sammlung Dulger umfasst 19 Puppen dieses Typs (Abb. 53 bis 76). Diese Puppen sind überall im gesamten südlichen Afrika beheimatet und lassen häufig sehr ähnliche Formen erkennen.[7] Etliche dieser Zulu-Puppen aus dem frühen 20. Jahrhundert befinden sich in öffentlichen Sammlungen.[8]

Die Puppen aus Ton reflektieren die Geschlechterrollen der Zulu-Gesellschaft: Das Vieh galt als Quelle von Wohlstand und Sozialprestige – es zu versorgen, war die Domäne der Männer. Jungen wurden ab etwa zwölf Jahren mit dem Vieh auf die Weide geschickt.

Die Tonpuppen der Mädchen repräsentieren dagegen eine weit größere Vielfalt. Oftmals sind sie nur sehr oberflächlich gebrannt – beinahe so, als wolle man ihre Vergänglichkeit betonen. Bei den Puppen von Sizeni MaNgubane Zuma (Abb. 53 bis 60) wird eine bröckelige Sandform gerade einmal von einer dünnen Haut aus halbgebranntem Ton umschlossen.[9] Andere hingegen sind sehr gut gebrannt. Sie stehen in einer bis ins frühe 20. Jahrhundert zurückreichenden Tradition. Die

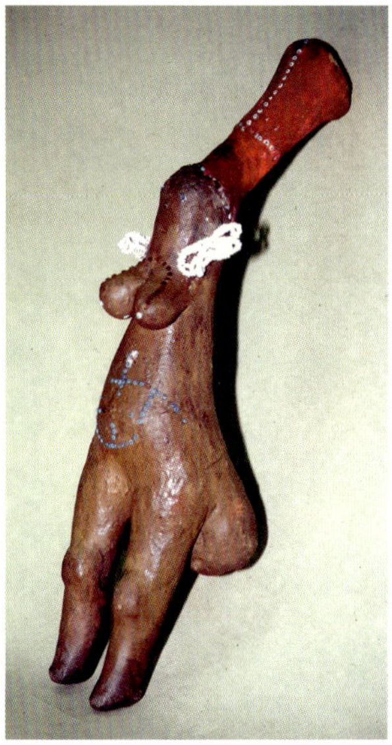

13 The doll is wearing an *isicholo* [tall hat of the Nongoma region], marking her as a married woman. On her stomach appear scarifications which would also serve as clan identification marks. South African Museum, Cape Town (SAM 1331), collected 1911.

Die Puppe trägt den *isicholo* [hohen Hut des Nongoma-Gebiets], der sie als verheiratete Frau ausweist. Der Bauch zeigt Schmucknarben, woran sich die Clan-Zugehörigkeit zeigt. South African Museum, Cape Town (SAM 1331), gesammelt 1911. Photo: South African Museum, Cape Town.

them as fertility or initiation ceremony dolls. This is well testified for other areas of southern Africa; it may also have been the case in Zulu communities in the past, but there is no evidence for such a use today. On the other hand, their gender roles as defined by the clothes they wear seem to anticipate the larger cloth character dolls. To that extent they are social signifiers rather than symbols of fertility – although the emphasis on sexual attributes is preserved beneath the clothes. All this helps to define their function in their roles as toys. According to Hluphekile Zuma clay dolls like these were made specifically as playthings for 8- or 9-year-old girls.

14 Two clay dolls as playthings by Hluphekile Zuma, 1989 (see also fig. 66, 68).
Zwei Ton-Spielzeugpuppen von Hluphekile Zuma, 1989 (siehe auch Abb. 66, 68).
Photo: Action Photos, Pietermaritzburg.

DOLLS MADE OF CLOTH AND BEADS

The second type of doll encountered in traditional society is more specifically Zulu. It consists of a long string of beads wound around a cloth core. The core is made of tightly rolled, moistened strips of cloth which contract on drying, leaving a hard, even surface. It can be trimmed to the desired length with a sharp knife and is often "finished" by sewing a piece of cloth over the base. Beads cover about three-quarters of the core forming the "body". They often form patterns or use specific colours to designate the maker's clan allegiance. The upper end, the "head", has long black twine with, originally, white beads attached in a "sangoma" hairstyle; blue and red beads could also be used. The face is left bare without any features. Finally, most dolls had a long beaded loop attached by which it could be worn over the shoulder or displayed on the wall of a hut. Such dolls were made from the early twentieth century through until the 1980s. They had a specific function within the customs connected with courtship: they enabled the girl to exercise a limited active role in the choice of a partner. Theoretically girls always had the right of refusal, though that could be overridden by the semi-tolerated custom of kidnapping her from her home. The gift of a doll to the boy of her choice gave her an opportunity of initiating a relationship. The downside for the girl was that it was binding on her but not on the boy – who could collect as many dolls as he pleased and show them off to his friends.

überproportional ausgeprägten weiblichen Geschlechtsmerkmale der unbekleideten Tonfiguren weisen auf ihre Funktion als Fruchtbarkeits- oder Initiationspuppen hin. Dieser rituelle Gebrauch ist für andere Gegenden im südlichen Afrika gut belegt, er mag auch für die Zulu-Gemeinschaften der Vergangenheit gegolten haben, lässt sich jedoch für die heutige Zeit nicht mehr nachweisen. Andererseits weisen diese Puppen mit den durch ihre Kleidung klar definierten Geschlechterrollen auf die größeren Charakterpuppen aus Stoff hin. Insofern sind sie eher von sozialer Bedeutung als Symbole der Fruchtbarkeit – obwohl die stark betonten Geschlechtsmerkmale unter der Stoffhülle ja durchaus erhalten bleiben. All dies erleichtert die Festlegung ihrer Funktion innerhalb ihrer Rolle als Spielzeug. Laut Hluphekile Zuma wurden Tonpuppen wie diese eigens als Spielzeuge für acht- bis neunjährige Mädchen angefertigt.

PUPPEN AUS STOFF UND PERLEN

Der zweite Puppen-Typus, den man in der traditionellen Gesellschaft antrifft, ist weit spezifischer für das Volk der Zulu. Solche Puppen bestehen aus langen, eng um einen zylindrisch-konischen Stoffkern gewickelten Perlensträngen. Die Stoffrolle wird aus fest gewickelten, feuchten Stoffstreifen gefertigt, die sich beim Trocknen zusammenziehen und dadurch eine feste, gleichmäßige Oberfläche bilden. Die Stoffrolle wird mit einem scharfen Messer auf die gewünschte Länge geschnitten, das Ende häufig mit einem aufgenähten Stück Stoff »gesäumt«. Die Perlenstränge bedecken gut drei Viertel der Stoffrolle und formen so den »Körper«; oftmals bilden sie Muster oder zeigen ganz bestimmte Farbkombinationen bzw. -sequenzen – wodurch die Puppenmacherin die Zugehörigkeit zu ihrem Clan ausdrückt. Am oberen Ende der Stoffrolle, also am »Kopf«, wurden lange schwarze Fäden befestigt – die Haartracht, ursprünglich mit weißen Perlen im »Sangoma«-Stil geschmückt; verwendet wurden aber auch blaue und rote Perlen. Das Gesicht ist leer, es trägt keine Züge. Die meisten Puppen besaßen eine extra angenähte große Perlenschnur, mit der man sie über der Schulter tragen oder an der Wand seiner Hütte aufhängen konnte. Solche Puppen wurden vom frühen 20. Jahrhundert an bis in die 1980er Jahre gefertigt. Sie besaßen im Zusammenhang mit den Brautwerbungsbräuchen der Zulu eine ganz besondere Funktion: Sie erlaubten den jungen Mädchen, bei der Wahl ihres Ehepartners eine aktive Rolle zu übernehmen und eine Beziehung von sich aus zu initiieren. (Rein theoretisch besaßen die Mädchen zwar das Recht, einen Bewerber abzulehnen, doch wurde das durch die allgemein halbwegs tolerierte (Un-)Sitte der Entführung des betreffenden Mädchens aus seiner Hütte unterlaufen.) Das Problem für das Mädchen: Das Geschenk der Puppe an den ersehnten Bräutigam war zwar für sie bindend – nicht jedoch für den Auserwählten, der seinerseits beliebig viele Puppen sammeln und sie unter seinen Freunden herumzeigen durfte.

15 Original non-trade doll, height 15 cm. Acquired from the African Art Centre, Durban, July 1989 (see also fig. 38).

Original-Puppe, nicht für den Handel bestimmt, Höhe 15 cm. Erworben im African Art Centre, Durban, Juli 1989 (siehe auch Abb. 38).

16, 17 Two girls in courtship finery displaying their dolls. Photos: Richard Ndimande (Stamped: Z.J.S. NDIMANDE & SON GREYTOWN – NATAL) on the reverse: left: 21 Dec. 1973, right: 16 Mar. 1975 (compare also fig. 35).

Zwei Mädchen im Perlenschmuck mit den entsprechenden Puppen. Photos: Richard Ndimande (Mit Stempel: Z.J.S. NDIMANDE & SON GREYTOWN – NATAL) auf der Rückseite: links: 21. Dezember 1973, rechts: 16. März 1975 (Vgl. auch Abb. 35).

On the other hand, the doll could also serve as a symbol of a promise or as a reminder, as in some of the photos by Richard Ndimande, in which a girl holds such a doll in her hand or has it sitting on a table next to her. These photos were taken in the Greytown studio of Z.J.S. Ndimande & Son[10] at the height of the migrant labour period in the 1970s. They were intended for sending to the girls' boyfriends in the cities, mostly Johannesburg. This comprised the main business of the studio as travel restrictions imposed on blacks made it almost impossible for the girls to visit. To persons used to seeing smiling faces, the girls' expressions on these photographs might appear vacant, perhaps even a little sad, however, in the Zulu tradition of the time (and often even now) a girl would not be expected to smile on a photograph intended for, say, her future husband as that could be interpreted as lacking in respect, *hlonipha*, towards his family. According to Lettie Mchunu, whom I questioned on this matter, these girls look perfectly happy (Interview January 2009).

The earliest mention of cloth and bead dolls offered for sale to the public comes from Durban where somewhat diminished replicas were sold from door to door in the 1930s. The earliest example in the Dulger-Collection is fig. 15. Jo Thorpe, the Director of the African Art Centre at the time, said she did could not remember when she acquired it, but it was probably about 1980. Hluphekile Zuma said it was an old doll, not made for sale, dating from her mother's generation, i.e. the 1950s. The doll was bought in July 1989. The colours belong to the *isishunka* sequence, which is the convention of the Mchunu clan in the Msinga area and can be traced back to the first decade of the twentieth century. But in this case, the sequence is incorrect as the red is out of place. It should read blue-pink-green-black-red.

Andererseits konnte eine solche Puppe auch als Symbol eines Versprechens oder zur Erinnerung dienen, wie auf einigen Fotos von Richard Ndimande ersichtlich ist, wo ein Mädchen eine Puppe in der Hand hält oder neben sich auf einem Tischchen platziert hat. Diese Fotos entstanden im Greytown Studio von Z.J.S. Ndimande & Son[10] in den 1970er Jahren, als die Welle der Arbeitsmigranten ihren Höhepunkt erreicht hatte; sie bildeten den Haupterwerbszweig des Fotografen. Die Mädchen wollten die Bilder u.a. an ihre Freunde in den Großstädten schicken, hauptsächlich nach Johannesburg, denn die den Schwarzen auferlegten Reisebeschränkungen machten ihnen persönliche Besuche dort praktisch unmöglich. Auf Menschen, die Fotos mit lächelnden Mienen gewohnt sind, mag der Gesichtsausdruck der Mädchen leer oder gar ein wenig traurig wirken. Die Zulu-Tradition der damaligen Zeit (und daran hat sich oftmals auch bis heute nichts geändert) sah nicht vor, dass ein Mädchen auf einem Foto, das für ihren zukünftigen Ehemann bestimmt war, ein Lächeln zur Schau trägt, denn das hätte ihr als Mangel an Respekt, *hlonipha*, vor seiner Familie ausgelegt werden können. Nach Aussage von Lettie Mchunu, die ich hierzu befragte, sehen die Mädchen vollkommen glücklich aus (Interview Januar 2009).

Die früheste Erwähnung von Puppen für den Handel, die aus Stoff und Perlen bestanden, stammt aus Durban und geht auf die 1930er Jahre zurück; seinerzeit wurden etwas verkleinerte Repliken in »Haustürgeschäften« angeboten. Das früheste Exemplar der Sammlung Dulger ist Abb. 15. Die damalige Direktorin des African Art Centre, Jo Thorpe, konnte sich nicht mehr an das exakte Ankaufdatum erinnern, es muss wohl um 1980 gewesen sein. Nach Hluphekile Zumas Ansicht handelt es sich dabei um eine alte, nicht für den Handel bestimmte Puppe aus der Generation ihrer Mutter, d.h. aus den 1950er Jahren. Die Farben richten sich nach dem *isishunka*-Muster, einer Schöpfung des Mchunu-Clans im Msinga-Gebiet, dessen Ursprünge sich bis ins frühe 20. Jahrhundert zurückverfolgen lassen. In diesem Fall enthält die Farbabfolge allerdings einen Fehler: Das Rot befindet sich an der falschen Stelle. Die richtige Farbfolge wäre: Blau-Rosa-Grün-Schwarz-Rot.

18a + 18b An anklet (1940s) and a choker (ca 1970) in the *isishunka* convention. It repeats every 17 fields and can be "read" in either direction.

Beinschmuck (1940er Jahre) und Halsband (um 1970) in der *isishunka*-Farbfolge, die sich alle 17 Felder wiederholt und in beiden Richtungen »gelesen« werden kann.
Photos: Frank Jolles.

This "error" would have been immediately apparent to anyone familiar with *isishunka*. "Colours talk to the mind", says Caesar Mkhize, one of the foremost artists working with beads in Durban.[11] So the question is: Has it been introduced on purpose, and if so, is there a message contained in these colours? Without some background knowledge of the local circumstances one can never be sure. But if a message was intended it would be something like the following (reading from the base upwards):[12]

GREEN [*luhlaza*]: "I have pined away so much that I have even turned green like the first green shoots of trees or grass ...".
PINK [*mphofu*, an eland, poverty]: "I have come to the conclusion that your poverty militates against our ever living together or getting married, so I suggest that we abscond to the Portuguese Territory. That is because you have no cattle for *lobola*."
LIGHT BLUE [*olwandle*, for sky, Indian Ocean]: "I will follow you to the ends of the earth."
RED [*bomvu*], stands for the wide brimmed bright red hat worn by married women in Msinga. It usually means: "Name the date [for our wedding]."

These are standard responses; it is the sequence that gives them a special meaning. As the doll is there for all to see, it is like a public declaration. In the social context of a tribal society, eloping is not a realistic option. So by threatening such a drastic course of action the girl is putting pressure on the man to get serious and earn enough money to pay the *lobola* [bride wealth].

The characteristics of the original courtship dolls were closely defined. As mentioned above, they included a featureless face and a "sangoma" hairstyle.

The initial break with tradition occurred when one day a man on his way to Johannesburg stopped his car at Hluphekile Zuma's roadside display in Keate's Drift and after inspecting some of her dolls told her "that she should give them eyes, because white people would not buy dolls without eyes" (Interview with Hluphekile Zuma, 1988).

From then on, she did give her dolls eyes: she attached two single beads to the face which, apart from that, remained blank of all features. It is perhaps worth noting that though the suggestion to add eyes was an external intervention, there was no subsequent follow-up in the sense that the African Arts Centre monitored their instructions to the

19 Hluphekile Zuma selling her dolls at the roadside in Keate's Drift, 1988.
Hluphekile Zuma beim Verkauf ihrer Puppen am Straßenrand von Keate's Drift, 1988.
Photo: Frank Jolles.

Dieser »Fehler« wäre jemandem, dem das *isishunka*-Muster vertraut ist, sofort aufgefallen. »Farben sprechen zum Geist«, sagt Caesar Mkhize, einer der führenden Perlenkünstler in Durban.[11] Also stellt sich die Frage: Wurde der Irrtum absichtlich begangen und falls ja, enthalten diese Farben eine Botschaft? Doch ohne Hintergrundwissen über die lokalen Verhältnisse lassen sich darüber keine sicheren Aussagen treffen. Sollten die Farben tatsächlich eine Botschaft übermitteln, dann lautete diese ungefähr so (von unten nach oben gelesen):[12]

GRÜN [*luhaza*]: »Ich bin vor lauter Kummer ganz grün geworden, so wie die ersten Baumschößlinge und Gräser ...«
ROSA [*mphofu*, Elenantilope, Armut]: »Ich bin zu dem Schluss gekommen, dass deine Armut unserem Zusammenleben oder einer Heirat entgegensteht, deshalb sollten wir in das portugiesische Territorium flüchten. Und zwar, weil du keine Kühe für *lobola* [den ›Brautpreis‹] hast.«
HELLBLAU [*olwandle*, Himmel, Indischer Ozean]: »Ich werde dir bis ans Ende der Welt folgen.«
ROT [*bomvu*] steht für den breitkrempigen roten Hut, ein Kennzeichen der verheirateten Frauen im Msinga-Gebiet. Es bedeutet für gewöhnlich: »Leg das Datum [unserer Hochzeit] fest.«

Das sind die »üblichen« Bedeutungen, erst durch die Reihenfolge der Farben gewinnen sie ihre spezielle Bedeutung. Weil die Puppe von jedem gesehen werden kann, kommt das dann einer öffentlichen Erklärung gleich. Da »Durchbrennen« im Sozialgefüge einer Stammesgesellschaft keine realistische Option darstellt, lässt die Androhung solch drastischer Mittel darauf schließen, dass die junge Frau ihren Auserwählten unter Druck setzt, er solle jetzt Ernst machen und genug Geld verdienen, um die *lobola* [den Brautpreis] bezahlen zu können.

20 Doll by Hluphekile Zuma, Height 15 cm, 1989 (see also fig. 43).
Puppe von Hluphekile Zuma, Höhe 15 cm, 1989 (siehe auch Abb. 43).

Die Merkmale der originalen Brautwerbungspuppen waren genau festgelegt: Wie oben bereits erwähnt, gehörten dazu ein »leeres« Gesicht und die Haartracht im »Sangoma«-Stil.

Zum ersten Bruch mit der Tradition kam es, als ein Autofahrer bei Hluphekile Zumas »Verkaufsausstellung« am Straßenrand von Keate's Drift Halt machte und ihr nach eingehender Betrachtung der Puppen den Rat gab, »sie solle ihre Puppen mit Augen versehen, da Weiße keine augenlosen Puppen kaufen würden« (Interview mit Hluphekile Zuma, 1988).

Von da an bekamen Hluphekile Zumas Puppen Augen: Sie nähte ihnen zwei einzelne Perlen ins Gesicht – sonst trug das Gesicht weiterhin keine Züge. In diesem Kontext verdient ein Punkt Beachtung: Obwohl der Vorschlag, den Puppen Augen hinzuzufügen, ein Eingriff von außen war, zeitigte das keine »Folgeerscheinungen« in dem Sinn, dass die Kulturvermittler des African Art Centre daraus Anweisungen an die Puppenmacherinnen abgeleitet und diese kontrolliert hätten. Daher ging das Umgestaltungsergebnis in eine ganz andere Richtung

21 Doll by Hluphekile Zuma "Married woman with *isicholo*" (plural form: *izicholo*, the type of hat worn in the Msinga area). Height 16 cm. Acquired April 1989 (see also fig. 81).

Puppe von Hluphekile Zuma »Verheiratete Frau mit *isicholo*-Hut« (Plural: *izicholo*), dem typischen Kopfputz des Msinga-Gebiets. Höhe 16 cm. Erworben April 1989 (siehe auch Abb. 81).

makers. So the result turned out to be rather different from what was originally envisaged: not a trend towards a more "natural" appearance, but an unfocussed, wide-eyed, almost insect like other-worldly gaze that was to become a hallmark of Hluphekile Zuma's style, and that, incidentally, was quite appropriate to the symbolic character of this type of doll.

The other manner in which the courtship dolls could be adapted without altering the structure of the traditional cylindrical or conical form was by modifying the hairstyle. Married women wearing the *isicholo*, the striking wide-rimmed ochre-red headdress, were still a common sight in the Msinga area in the 1980s.[13] So it was perhaps an obvious choice to appeal to the visitors and tourists to the area by incorporating this well known exotic feature in the dolls. But the Msinga *isicholo* is not only an embellishment but also a signifier, namely, of the status of being *married*, whereas the hairstyle of the courtship dolls was originally associated with the coming of age ceremony, the *umemulo*.

So the addition of the *isicholo* introduced a decisive break with the tradition of the courtship dolls whilst retaining their form and the technique of making them. The unforeseen consequence of dissociating them from their former cultural context was to open up the way for future experimentation and development.

The Msinga *isicholo* used to be made from the owner's own hair stretched over a cane frame and coloured red with ochre. More recently it has been made of wool or a mix of hair and wool. It is almost invariably red, though I have come across one or two black ones. The introduction of different colours and even striped *izicholo* in the dolls is clearly a departure from the norm. It might be seen as testing the variability of what had become an abstract symbolic form. In the Dulger-Collection red *izicholo* are in a minority of three out of sixteen where the small dolls are concerned. However, the situation is reversed in the case of the later, large dolls: of the seven dolls with *izicholo* six wear red ones and one has a black one; there are no atypical colours. In these dolls the emphasis is clearly on realistic portrayal.

In addition to the artistic tension between abstraction and realism, the doll-makers were aware that they themselves were operating in an evolving historical time frame. The day-to-day experience of the migrant labour situation, exacerbated by the isolating effect of the apartheid policy of "separate development", set up a dichotomy according to which progress and the future were to be found in the harsh alien environment of the cities[14] whilst the past lived on in the familiar but increasingly deprived life of the countryside. This, and the interest

als ursprünglich beabsichtigt: Statt einen »lebensechteren« Ausdruck anzunehmen, starrten die Puppen in die Ferne mit weit auseinanderliegenden Augen – beinahe insektenähnlich und nicht von dieser Welt. Dieser Blick sollte zum stilistischen Markenzeichen von Hluphekile Zumas Puppen werden und passte sehr gut zur Symbolik dieses Typus.

Die zweite Möglichkeit einer (kulturellen) Anpassung der Brautwerbungspuppen – ohne ihnen ihre Struktur, ihre überlieferte zylindrisch-konische Form zu nehmen –, bestand in der Veränderung ihrer Haartracht. Verheiratete Frauen mit dem *isicholo*, dem auffallenden, breitkrempigen ockerroten Kopfputz, waren in dem Msinga-Gebiet bis in die 1980er Jahre ein alltäglicher Anblick.[13] Es lag also auf der Hand, die Puppen mit dieser Zutat auszustatten, um Besucher und Touristen anzusprechen. Doch ist der *isicholo* des Msinga-Typs weit mehr als bloße Zierde: Er verweist auf den sozialen Status als verheiratete Frau. Die Haartracht der Brautwerbungspuppen hingegen war ursprünglich mit der *umemulo*-Zeremonie verbunden, die den Eintritt der jungen Mädchen in ihr Erwachsenenalter, in ihr Frauenleben, markierte.

Daher bedeutete die Hinzufügung des *isicholo*-Huts einen maßgeblichen Bruch in der Tradition der Brautwerbungspuppen, obgleich Grundform und Herstellungsweise beibehalten wurden. Diese Herauslösung aus ihrem ursprünglichen kulturellen Kontext hatte eine unvorhergesehene Folge: Sie bereitete den Boden für künftige Experimente und Weiterentwicklungen.

Der Msinga-*isicholo* [Hut] bestand üblicherweise aus dem eigenen Haar seiner Trägerin, das über ein Gestell gespannt und mit rotem Ocker eingefärbt wurde. In jüngerer Zeit begegnet man auch Hüten aus Wolle oder einer Mischung aus Haaren und Wolle. Ein *isicholo* ist fast immer rot, allerdings habe ich sie auch schon in Schwarz gesehen. Die Einführung verschiedener Farben und sogar von Streifenmustern bei den Puppen-*izicholo* stellt eine klare Abweichung von der Norm dar. Sie ließe sich als Erforschung der Variationsbreite eines Objekts interpretieren, das zur abstrakten Form eines Symbols geworden war. Bei den kleinen Puppen der Sammlung Dulger sind die roten *izicholo* in der Minderzahl, es sind gerade einmal drei von 16. Ganz anders bei den späteren größeren Puppen: Von sieben mit *isicholo* trägt nur eine einen schwarzen Hut, alle anderen sind rot; atypische Farben treten nicht in Erscheinung. Bei diesen Puppen steht die Realitätsnähe der Darstellung ganz klar im Vordergrund.

22 Two girls wearing the "bifurcated horns" style of headdress, *amashuqu*, which was fashionable in the 1960s. Photograph bought from owner near Pomeroy in Msinga.

Zwei Mädchen mit *amashuqu*-Haartracht, den »Gabel-Hörnern«, wie sie in den 1960er Jahren modern war. Das Foto wurde nahe Pomeroy im Msinga-Gebiet erworben. Photographer unknown | Fotograf unbekannt.

shown in Zulu culture by such emissaries of urban civilisation as archaeologists and anthropologists from the museums and universities, created a desire to preserve the memory of the past as they had experienced it in their youth.

The depiction of all manner of historical women's hairstyles in the small dolls (fig. 78, 79, 80, 92, 93, 97), some of which in turn are echoed in the large ones, may be seen as part of an effort to conjure up the associations of an earlier period.

23 Doll by Hluphekile Zuma[15] "Girl with slanting hairstyle", height 14 cm. The colour convention is *umzansi* ["from the lowlands"]. Acquired April 1989 (see also fig. 78).

Puppe von Hluphekile Zuma[15] »Mädchen mit Schrägfrisur«, Höhe 14 cm. Das Farbschema hier ist *umzansi* [»Aus dem Tiefland«]. Erworben April 1989 (siehe auch Abb. 78).

24 Doll by Hluphekile Zuma "Women with historical hairstyles", height 14 and 14.5 cm. Fig. 79 has "a very old traditional hairstyle" (see also fig. 79, 80).

Puppen von Hluphekile Zuma »Frauen mit historischen Haartrachten«, Höhe 14 und 14,5 cm. Der Kopfputz bei Abb. 79 ist »sehr alt und traditionell« (siehe auch Abb. 79, 80).

FURTHER DEVELOPMENT OF TRADED DOLLS ON THE BASIS OF THE TRADITIONAL PROTOTYPES

One of the features of the Dulger-Collection is that it spans the five or six years from 1988 to about 1994, during which time the art of doll-making was perfected within the group of women around Hluphekile Zuma in KwaLatha. That makes it possible to contextualise the process itself and comment on the various stages.

Außer im künstlerischen Spannungsfeld zwischen Abstraktion und Realismus agierten die Puppenmacherinnen in einer Zeit des historischen Wandels – und dessen waren sie sich durchaus bewusst. Der schwierige Alltag der Arbeitsmigranten wurde noch verschärft durch die Isolationswirkung der Apartheidpolitik, der »getrennten Entwicklung der Rassen«. Daraus erwuchs ein krasser Zwiespalt: Fortkommen und Zukunft lagen in der unwirtlichen, fremden Umgebung der Städte[14], während die Vergangenheit im vertrauten, aber zunehmend benachteiligten Leben auf dem Land weiter bestand. Aus dieser Spannung und befördert durch das Interesse von Archäologen und Anthropologen aus Museen und Universitäten an der Zulu-Kultur entstand bei den Puppenmacherinnen der Wunsch, die Erinnerungen an die Vergangenheit, so wie sie diese selbst in ihrer Jugend erfahren hatten, lebendig zu erhalten.

Die Ausstattung der kleineren Puppen mit Frauenhaartrachten aller historischen Arten und Stile (Abb. 78, 79, 80, 92, 93, 97) kann als Teil der Bemühungen gelten, die Anbindung an frühere Zeiten heraufzubeschwören.

DIE WEITERENTWICKLUNG DER HANDELSPUPPEN, DIE SICH VON DEN TRADITIONELLEN PROTOTYPEN ABLEITEN LASSEN

Die Puppen der Sammlung Dulger umfassen die fünf oder sechs Jahre zwischen 1988 und etwa 1994 – jene Zeitspanne, während der die Puppenmacherinnen um Hluphekile Zuma in KwaLatha ihre Kunst zur Vollendung brachten. Das ermöglicht die Einordnung des Prozesses in einen Kontext einerseits wie auch die Beschreibung der einzelnen Stadien andererseits.

Als Motor hinter dieser Stil-Entwicklung stand die Vorstellung der Frauen von der bestmöglichen Verkäuflichkeit ihrer Puppen – allerdings weniger am echten Markt als vielmehr an ihrer Idee davon orientiert. Der Absatz, aus dem sich hätten Marktkenntnisse gewinnen lassen, war in Keate's Drift zu gering und zudem von atypischen Käufern bestimmt. Die aus den Kuriositätenläden in Durban und Pietermaritzburg einlaufenden Informationen waren im besten Falle widersprüchlich und konnten mitunter reichlich eigenwillig ausfallen – so beispielsweise die Anweisung, für die Puppenfrisuren Menschenhaar statt Garn zu verwenden. Eine Puppenmacherin wurde aufgefordert, alle ihre Puppen abzuholen, da sie keine echten Haare hatten. Das rief große Bestürzung hervor, immerhin war die Busfahrt aus dem einige Stunden entfernten Keate's Drift nach Durban teuer. Der schließlich gefundene Konsens lautete, Außenstehende hätten sicher Interesse an realistischen Darstellungen des Lebens auf dem Land, zudem sei die kunsthandwerkliche Qualität der Puppen wichtig.

Der Übergang vom abstrakten Symbolismus der Brautwerbungspuppen hin zum Realismus der späteren konnte sich nur schrittweise vollziehen. Abgesehen von der grundsätzlichen Umorientierung lag das auch an bedeutenden technisch-handwerklichen Problemen. Die Puppe aus der perlenumwickelten konischen Stoffrolle war eine in sich ausgereifte Form,

25 Doll by Hluphekile Zuma "A male fully trained Sangoma", height 20 cm. Bought from African Arts Centre October 1989; labelled "1960s" (see also fig. 99).

Puppe von Hluphekile Zuma »Männlicher, voll ausgebildeter Sangoma« [Wahrsager/Heiler], Höhe 20 cm. Erworben Oktober 1989 vom African Art Centre; mit Etikett »1960's« (siehe auch Abb. 99).

26 Doll by Hluphekile Zuma "Married woman wearing *isicholo* and *isidwaba*", height 24.5 cm (see also fig. 100).

Puppe von Hluphekile Zuma »Verheiratete Frau mit *isicholo* und *isidwaba*« [typischer Kopfputz und Faltenrock], Höhe 24,5 cm (siehe auch Abb. 100).

The driving force behind the evolution of style was what the women thought would sell, that is, their idea of the market rather than the market itself. There was very little turnover from which to gauge market opinion in Keate's Drift, and what there was, was largely due to untypical buyers. The information gleaned from the curio shops in Durban and Pietermaritzburg, on the other hand, was at best inconsistent and could on occasion be quite embarrassingly maverick, such as the instruction only to use genuine human hair for the hair of the dolls instead of twine. One doll-maker was asked to collect all her dolls from a shop in Durban because they did not have human hair, which caused great consternation on account of the bus fares from Keate's Drift several hours away. The consensus that developed, was that it was the realistic portrayal of country life that would interest the outsiders and that the quality of the workmanship was also important.

The move from the abstract symbolism of the courtship dolls to the realism of the later ones could only proceed in stages. This was because, apart from the fundamental reorientation, it posed serious technical problems. The cylindrical beaded cloth-core doll was in itself a highly developed form that could not easily be modified to serve new purposes. On the other hand the doll-makers were loathed to give it up as it was the only technique with which they were familiar. Early developments added stocky cane legs and thin flexible cloth arms but retained the core torso and the beadwork that went with it. The "fully trained Sangoma" (fig. 99) is a successful example of this type. The trappings of sangomas are reproduced in detail: the red cloth *ibayi* he is wearing, the headdress with feathers, the stick he is carrying, and the cross bandolier [*umqwaba*] which signifies the acceptance of his status as sangoma by the ancestors. But the expression of the form is constrained by the retention of the cloth core. Similarly, the "married woman" (fig. 100) is portrayed wearing the signifiers for her status: the *isicholo* and the blackened pleated hide married women's skirt, the *isidwaba* (here made of corrugated cardboard), attached to the basic cloth core trunk. So at this stage we have what amounts to a static almost abstract form embellished with a wealth of significant appurtenances.

die sich nicht ohne weiteres verändern ließ, um neuen Zwecken zu dienen. Zum anderen widerstand den Puppenmacherinnen der Gedanke, diese Form aufzugeben, da es die einzige ihnen vertraute war. Frühe Weiterentwicklungen des Typs besitzen steife Beine aus Rohr und dünne, bewegliche Stoffarme – doch der Körper mit seinen Perlensträngen blieb erhalten. Der »voll ausgebildete Sangoma« (Abb. 99) ist ein gelungenes Beispiel dieser Art. Die Attribute eines Sangoma sind detailgetreu wiedergegeben: sein *ibayi* aus rotem Stoff, der gefiederte Kopfputz, der Stock, den er trägt, und seine auf der Brust gekreuzten Perlenschnüre [*umqwaba*], die den Beweis für die Anerkennung seines Status als Sangoma durch die Ahnen liefern. Doch bleibt die Ausdrucksfähigkeit der Figur durch die Beibehaltung des Stoffkerns eingeschränkt. Ähnlich verhält es sich bei der »verheirateten Frau« (Abb. 100): Ihre Statusmerkmale sind dem Stoffkern-Rumpf einfach angefügt worden: der *isicholo*-Hut und der *isidwaba*-Rock, der hier aus Wellpappe, im wirklichen Leben jedoch aus gefältelter, rußgeschwärzter Kuhhaut besteht und unter den Oberkleidern getragen wird. In diesem Stadium begegnen wir einem Puppen-Typus, dessen letztlich statische, beinahe abstrakte Form mit einer Fülle von bedeutungstragendem Zubehör versehen ist.

Eine ganze Reihe traditioneller, dem Markt angepasster Puppen aus anderen Regionen Südafrikas ist nie über diesen Punkt hinausgelangt. Ein Beispiel dafür bieten die Ndebele-Puppen. Nach einer Ausstellung in Paris 1988 erfuhren sie weltweite Verbreitung, gefördert von einer Organisation, die einen Markt für afrikanisches Kunsthandwerk schaffen wollte. Doch als der Reiz des Neuen schwand, ging die Nachfrage zurück, während die Produktion ständig weiter anstieg – bis die Ndebele-Puppen die Märkte überschwemmten. Im Zuge dieser Vertriebsstrategie verloren die Puppen ihre individuellen Merkmale, sie wurden schon bald nach bestimmten Größen und Farben standardisiert – wie serielle Erzeugnisse, was sie de facto ja auch waren. Vom Absatzmarkt bestimmt, entwickelte sich die Fertigung der Ndebele-Puppen von einer Kunstform zur Heimarbeits-Industrie.

27 + 28 Display of Ndebele dolls for sale at Johannesburg O. R. Tambo International Airport, June 2008.
Verkaufsausstellung von Ndebele-Puppen in Johannesburg im Internationalen Flughafen O.R. Tambo, Juni 2008.
Photo: Frank Jolles.

It may be worth mentioning that a number of traditional dolls adapted for the market from other regions of South Africa never progressed beyond this point. A poignant case in question is the production of Ndebele dolls. They were exhibited in Paris in 1988 and subsequently reached a world-wide distribution promoted by an organisation for the creation of a market for African crafts. I was shown magazine pictures of the Paris exhibition in Keate's Drift: Hluphekile Zuma and her friends thought they should attempt something similar. As the novelty wore off demand slackened whilst production continued to increase, until Ndebele dolls descended on the markets like a plague of locusts. At the same time the individual input declined so that the dolls soon became standardised in several sizes and colours like an industrial product, which indeed they were. So, driven by the market, the Ndebele dolls evolved from an art form (or a craft, according to perspective and the definition of art in an African context) into a cottage industry.

Although according to her own testimony Hluphekile Zuma had been making dolls for sale since her husband's death in 1978, most of these will have been the traditional small courtship dolls. There seems to have been a conceptual limit to the size of these dolls. The largest of the traditional courtship dolls collected in the field are about 23 cm tall. They are all relatively recent dating from the 1970s.[16] Going beyond this clearly involved a change of paradigm. It may have been connected with the loss of ritual function that Anitra Nettleton and David Hammond-Tooke noted in the case of Ntwane and Pedi dolls, which made them "unacceptable for use in traditional contexts".[17] It could also have been influenced by the development of the tourist market in Durban at about this time, with which Hluphekile Zuma and her friends were in touch through the local dealer Apostoli Mzila. Nelson Graburn in his book on *Ethnic and Tourist Arts* identifies increase in size as a "stylistic trend among the commercial arts" (1976: 313f.).[18] It appears that Hluphekile Zuma and her friends did not start making their larger dolls with legs and arms until 1987 or 1988, but once they had started progress was very rapid. The "married woman" (fig. 100) above was the first doll of this kind I encountered.

In the field of artistic innovation for the commercial market there seems to be a right time for launching a new style. Once it has been introduced there is often a period of intense activity. All energies are concentrated on developing the new form. But after a while, what had been new and challenging becomes familiar and the process of stereotyping sets in. This happened in the case of the Ndebele dolls, but it has also been observed in other areas of the African art-craft continuum such as telephone-wire baskets and more recently appliqué work. It would have been surprising if the Msinga dolls were to be spared a similar fate. Before considering this, the shift in paradigm that occurred when the courtship prototype was abandoned needs to be further elaborated.

The above "Old man with headring" may serve as an example of the thought processes and objectives that led to the creation of the new dolls. In an interview on 3 October 1989 Hluphekile Zuma described this figure in the following terms:

Obwohl Hluphekile Zuma nach eigenen Aussagen seit dem Tod ihres Mannes im Jahr 1978 Handelspuppen angefertigt hat, dürfte der Typus der traditionellen kleinen Brautwerbungspuppen den Hauptteil ihrer Handarbeit ausgemacht haben. Deren Größe ist offenbar eine konzeptionell-ideelle Grenze gesetzt: Die größten auf dem Land gesammelten Exemplare messen ca. 23 cm. Sie sind alle vergleichsweise neu und entstanden in den 1970er Jahren.[16] Über dieses Maß hinauszugehen beinhaltete ganz klar einen Paradigmenwechsel. Dieser mag mit dem Verlust der rituellen Funktion der Puppen einhergegangen sein, wie Anitra Nettleton und David Hammond-Toke es im Fall der Ntwane- und Pedi-Puppen konstatiert haben, der sie »für die Verwendung in traditionellen Zusammenhängen inakzeptabel« werden ließ.[17] Auch spielte der Touristen-Markt in Durban eine Rolle, mit dem Hluphekile Zuma und ihre Freundinnen über den örtlichen Händler Apostoli Mzila in Berührung kamen. In seinem Buch »Ethnic and Tourist Arts« kennzeichnet Nelson Graburn den Größenzuwachs als »stilistischen Trend innerhalb der kommerzialisierten Kunstzweige« (1976, S. 313f.).[18] Allem Anschein nach nahmen Hluphekile Zuma und ihre Freundinnen die Herstellung größerer Puppen mit Armen und Beinen nicht vor 1987 oder 1988 auf; doch einmal angestoßen, verlief dieser Prozess sehr rasant. Die Puppe »Verheiratete Frau« (Abb. 100) war das erste derartige Objekt, dem ich begegnet bin.

Auf dem Gebiet der künstlerischen Neuerungen für den kommerziellen Markt scheint es so etwas wie einen richtigen Zeitpunkt zu geben, um einen neuen Stil zu lancieren. Ist er einmal eingeführt, schließt sich oft eine Phase gesteigerter Aktivität an, in der alle Energien auf die Ausbildung der neuen Form ausgerichtet sind. Doch nach einer gewissen Zeit wird das Neue, die Herausforderung, zur Gewohnheit und der Prozess der Stereotypisierung setzt ein. Genau das geschah im Fall der Ndebele-Puppen, wurde aber auch in anderen Sparten des afrikanischen Kunsthandwerks beobachtet, etwa bei den Körben aus Telefonkabel oder jüngeren Arbeiten in Applikationstechnik. Es wäre überraschend gewesen, wäre den Msinga-Puppen ein ähnliches Schicksal erspart geblieben.

Der »Alte Mann mit Kopfring« (Abb. 29) soll als Beispiel für die Denkprozesse und Zielsetzungen dienen, die zur Ausbildung neuer Puppen-Typen führten. In einem Interview vom 3. Oktober 1989 charakterisierte Hluphekile Zuma diese Figur mit folgenden Aussagen:

> »Er ist ein alter Mann, der einen Schild trägt, keinen Waffenschild, sondern einen Zeremonialschild, einen *ihawu*.«
>
> »Er trägt eine Uhr, vielleicht hat sein Sohn sie ihm aus Johannesburg mitgebracht, aber er arbeitet noch für irgendjemanden ... vielleicht kümmert er sich um Ihr Haus.«
>
> »Er trägt ein Horn mit *muthi* [Medizin] und Stachelschweinstacheln, *inungu*, für Injektionen. Sie müssen in die Medizin getaucht und dann in die Haut gestochen

> "He is an old man carrying a shield, not a war shield, a ceremonial shield: *ihawu*."
>
> "He is wearing a watch, perhaps his son brought it for him from Johannesburg, but he is still working for somebody...perhaps looking after your house."
>
> "Wearing a horn with *muthi* [medicine] with a porcupine quill, *inungu*, inside for injections. It must be dipped in the *muthi* and then jabbed into the skin all the way down from the head to the feet. This is very painful. It can also be done on a person's shadow."
>
> "He is wearing his best clothes. He is a well-to-do old man with more than one wife and lots of cattle."
>
> "He is *very* clever, young at heart, showing off, competing with young men. He doesn't want to look old or feel old. ..."
>
> "The beadwork is made by his wives... His wife [i.e. one of his wives] is the one the museum has with the baby on her back wearing *amashuqu* ["bifurcated horns" headdress]."

He is wearing a headring, the symbol of a senior person (traditionally a man who had absolved his military service and obtained permission to marry, thus becoming an *indoda*, head of his own household) and he is carrying a ceremonial shield to emphasise his status, probably in connection with some public ceremony. The watch his son has brought him from Johannesburg is a link to the wider world, the world in which time is measured. He may need it for his job. He is not a doctor, a *nyanga*, but he is carrying the *muthi* horn and porcupine quills for administering injections. It emphasises his status. The fact that he is still working, possibly looking after the house of a white man (like myself, suggests Hluphekile Zuma, tongue in cheek) also enhances his status in the community. And he is wearing his best clothes. "He is a well-to-do old man with more than one wife and lots of cattle." Though expressed in general terms this would be quite sufficient to identify him within a local context.[19] As far as the dolls are concerned this is part of a new aesthetic of social identity, but it is entirely consistent with traditional African portraiture which is based not so much on inherited features as on a complex of local socio-political identity markers. Or as Allen Roberts puts it: "Who one says one is, is a matter of social process and local-level politics, and is reckoned differently according to circumstances. Identity is dynamic, not static and certainly not genetically determined."[20] It is within this context of an identity that demands constant reaffirmation that Hluphekile Zuma's comments on the attributes she has given her doll must be understood. She is using them to define the public persona and intimate character of the individual she is trying to portray. "He is *very* clever, young at heart, showing off, competing with young men. He doesn't want to look old or feel old."

werden, überall, von Kopf bis Fuß. Das ist sehr schmerzhaft. Es kann aber auch beim Schatten der Person gemacht werden.«

»Er trägt seine besten Gewänder. Er ist ein wohlhabender alter Mann mit mehr als einer Frau und vielen Rindern.«

»Er ist sehr schlau, im Herzen jung geblieben, er bringt sich zur Geltung und misst sich mit jungen Männern. Er will nicht alt aussehen oder sich alt fühlen. ...«

»Die Perlenarbeiten haben seine Frauen gemacht. Seine Frau [d.h. eine davon] ist die, die im Museum steht, die mit dem Baby auf dem Rücken und der *amashuqu* [»Gabel-Hörner«]-Haartracht.«

29 Doll by Hluphekile Zuma "Old man with headring", height 55 cm. Bought April 1989 (see also fig. 106).

Puppe von Hluphekile Zuma »Alter Mann mit Kopfring«, Höhe 55 cm. Erworben April 1989 (siehe auch Abb. 106).

Er trägt einen Kopfring, das Symbol des Älteren (traditionell ein Mann, der seinen Militärdienst abgeleistet und die Erlaubnis zur Heirat bekommen hat, wodurch er ein *indoda* wird, ein Haushaltsvorstand). Um seinen Status zu betonen, trägt er zusätzlich einen Zeremonialschild – der wahrscheinlich in Verbindung mit einer öffentlichen Zeremonie steht. Die von seinem Sohn aus Johannesburg mitgebrachte Uhr stellt die Verbindung zur Außenwelt her, jener Welt, in der die Zeit gemessen wird. Vielleicht braucht er sie auch für seinen Job. Er ist kein Arzt, kein *nyanga*, aber er trägt das Medizinhorn und Stachelschweinstacheln, um Injektionen zu verabreichen. Das unterstreicht seinen sozialen Rang. Auch die Tatsache, dass er immer noch arbeitet, hebt seinen Status innerhalb der Gemeinschaft – vielleicht versorgt er das Haus eines Weißen. Und er trägt seine besten Gewänder. »Er ist ein wohlhabender alter Mann mit mehr als einer Frau und vielen Rindern.« Obwohl diese Aussagen sehr allgemein gehalten sind, dürften sie ausreichen, um den Mann innerhalb eines lokalen Kontexts zu identifizieren.[19] Auf die Puppen bezogen ist das Teil einer neuen »Ästhetik der sozialen Identität«, dabei aber vollkommen im Einklang mit der traditionellen afrikanischen Porträtierweise, die weniger auf ererbte Gesichtszüge als vielmehr auf das Gefüge lokaler sozio-politischer Identitäts-Kennzeichen ausgerichtet ist. Oder mit den Worten von Allen Roberts: »Die Feststellung, wer jemand ist, ist eine Frage seiner Sozialisation sowie der Politik auf Kommunalebene und den Verhältnissen entsprechend unterschiedlich einzuschätzen. Identität ist dynamisch, nicht statisch und sicher nicht genetisch vorgegeben.«[20] Und innerhalb dieser Auffassung von Identität, einer Identität, die der unaufhörlichen Bekräftigung bedarf, sind Hluphekile Zumas Aussagen über die Attribute, mit denen sie ihre Figur ausgestattet hat, zu verstehen. Bei jedem Menschen, den sie porträtieren möchte, verwendet sie

In all this there is a profound re-orientation in the attitudes of the doll-makers towards their own work. Whatever individual impulses may have mediated the production of the undeniably beautiful forms of the original prototypes, they remain within the parameters of the non-Western aesthetic of minimum modification of a traditional design. The production of the "character" dolls, on the other hand, clearly depends upon a creative impulse drawn from the personal life experience of the makers. Both in the case of the subject matter and of the process itself, this can be associated with the arduous progression of self-realisation and emancipation experienced by rural women as a result of the social changes imposed on them and the disruptions they suffered during the migrant labour decades of the 1960's and 1970s. This applies equally to the mediated dolls produced under the auspices of the African Arts Centre in Durban and those produced under conditions of greater autonomy in Msinga. The link that Thembi Mchunu makes between her vocation as diviner-healer and her occupation as doll-maker, and Hluphekile Zuma's detailed rationalisations are symptomatic of the same developments.

In the overall evolution of trade dolls the Dulger-Collection documents the progression from traditional courtship dolls to individualised character dolls exceptionally clearly. We can follow it stage by stage through the classifications in the following chapters. Eventually, as demand and production increased whilst the subject matter remained the same, the excitement of experimentation and discovery inevitably gave way to routine duplication. To some extent this is already evident in the exhibition of their dolls that Hluphekile Zuma and Japha Mhlongo set up in Hluphekile's home in 1996.

An important factor in this development was changes in the mode of production, and their effect on the outcome, on the dolls themselves. This has come to be known as the *chaînes opératives* in which the process of manufacture is seen as a co-determinant of style. Once the supply of household scraps (old clothes and rags, laid-off children's shoes, broken watches, discarded beadwork, etc.) had become exhausted the doll-makers had to opt for alternatives. They turned to new cloth for legs and garments, wooden platforms instead of shoes,

30 Dolls by Hluphekile Zuma and Japha Buthelezi displayed at Hluphekile's house in 1996. The stereotyping of the legs of the dolls and the Msinga hats starts at about this time.

Ausstellung von Puppen Hluphekile Zumas und Japha Buthelezis in Zumas Haus, 1996. Seit ca. 1994 setzte eine zunehmende Stereotypisierung der Msinga-Hüte und der Beine ein.
Photo: Frank Jolles, Alistair Nixon.

solches »Beiwerk« zur Definition seiner Stellung in der Öffentlichkeit wie auch seines privaten Charakters: »Er ist sehr schlau, im Herzen jung geblieben, er bringt sich zur Geltung und misst sich mit jungen Männern. Er will nicht alt aussehen oder sich alt fühlen. ...«

Aus alledem spricht eine grundlegende Neuorientierung der Einstellung der Puppenmacherinnen ihrer eigenen Arbeit gegenüber. Welche individuellen Impulse auch immer die Fertigung der unleugbar schönen Formen der originalen Prototypen angestoßen haben mögen – sie bleiben mit der minimalen Abwandlung eines traditionellen Vorbilds innerhalb der Parameter der nicht westlichen Ästhetik. Die Herstellung der »Charakterpuppen« hingegen hängt an den schöpferischen Impulsen aus der persönlichen Lebenserfahrung der jeweiligen Künstlerin. Im Fall des Gegenstands wie auch des Prozesses selbst lässt sich das in Verbindung bringen mit dem mühevollen Weg der Selbstverwirklichung und Emanzipation, den die Frauen auf dem Land beschreiten mussten – sei es als Ergebnis der ihnen auferlegten gesellschaftlichen Veränderungen wie auch der von ihnen während der Periode der Arbeitsmigration in den 1960er und 1970er Jahren erlittenen Familienspaltungen. Das trifft auf die unter der Ägide des African Art Centre in Durban produzierten und davon beeinflussten Puppen gleichermaßen zu wie auf die unter dem Vorzeichen größerer Eigenständigkeit in Msinga gefertigten. Der wechselseitige Nutzen, den Thembi Mchunu aus ihrer Berufung zur *Sangoma* [Wahrsagerin/Heilerin] und ihrer Tätigkeit als Puppenmacherin zieht, und Hluphekile Zumas ins Detail gehende Rationalisierungen sind symptomatisch für dieselben Entwicklungen.

Hinsichtlich der Entstehung von Handelspuppen dokumentiert die Sammlung Dulger den Wandel von den traditionellen Brautwerbungspuppen hin zu den individualisierten Charakterpuppen genau. Dieser lässt sich anhand der systematischen Zuordnungen in den folgenden beiden Kapiteln Stufe für Stufe nachvollziehen. Irgendwann, als Nachfrage

31 Lobolile Ximba (Hluphekile Zuma's daughter) preparing her dolls for exhibition at the annual Echo Crafts Bazaar November, 2005. The style of beadwork on the dolls dates from the 1960s: some seems to be original (*Witness*, 9.11. 2005).

Lobolile Ximba, Hluphekile Zumas Tochter, bereitet ihre Puppen für die Ausstellung beim (jährlich stattfindenden) »Echo Crafts Bazaar« im November 2005 vor. Die Perlenarbeiten an den Puppen gehören stilistisch in die 1960er Jahre, manche scheinen original zu sein (*Witness*, 9.11.2005).
Photo: Kobie Venter.

replica Msinga hats and beadwork, and so on. This led to a greater uniformity by reducing the number of variables – as may clearly be seen in the illustration of Lobile Ximba and her dolls (Image 31, p. 43). The specific associations attached to the materials were also lost: whose shoes is that doll wearing? To whom did the old man's watch belong? As a result the imaginative social input which was responsible for the striking individuality of the first generation dolls inevitably fell by the wayside.

Eventually the creative impulse that had driven the development evaporated, and doll-making became more like a consumer orientated industrial process based on a prototype that had proved marketable in the past. However, that was not to occur before the next generation when Hluphekile's daughter Lobolile Ximba took over. In the meanwhile the procession of rural Zulu characters seeking a market as ambassadors to an alien post-colonial world has reached its destination in the museums of South Africa and many private collections. In the next two sections, a systematic review of the Dulger-Collection will illustrate the breadth of innovation in its successive stages.

1 Wikipedia, 14 Nov. 2008: "Despite being the most economically advanced country on the continent, South Africa was among the last countries in Africa to introduce television broadcasting to its population. The main reason was that television was viewed as potentially undermining the apartheid government's ideology. The white minority regime saw it as a threat to its control of the broadcasting media, even though the state-controlled South African Broadcasting Corporation (SABC) had a virtual monopoly on radio broadcasting."

2 In Muden, a main orange growing area, theft was so extensive that the trees had to be felled. They were replaced by sugar cane.

3 Hluphekile Zuma had begun selling her dolls on the market of Keate's Drift, where she came in contact with passing traffic from the towns, by 1987 or 1988. It was from a white customer who visited her stall that she received the "advice" that her dolls should have eyes. This made her aware of the diversity of cultural expectations (see below). In the greater Durban catchment area dolls for sale were already being made in the early 1980s (Preston-Whyte, 1991).

4 Compare Grossert, J. W., *Art Education and Zulu Crafts*, (Shuter & Shooter) Pietermaritzburg, 1968.

und Produktion stiegen, während der Gegenstand derselbe blieb, machten Experimentier- und Entdeckerfreude einer Wiederholungs- und Vervielfältigungsroutine Platz. In gewissem Umfang lässt sich das schon an der von Hluphekile Zuma und Japha Mhlongo 1996 in Zumas Haus veranstalteten Puppen-Ausstellung ablesen.

Ein bedeutender Faktor in dieser Entwicklung waren die Veränderungen in der Produktionsweise und ihre Auswirkungen auf das Ergebnis, auf die Puppen selbst. Dies ist inzwischen unter der Bezeichnung *chaînes opératives* bekannt, wobei der Herstellungsprozess als Ko-Determinante des Stils betrachtet wird. Als der Vorrat an früher verwendeten »Haushaltsüberbleibseln« wie Altkleidern und Lumpen, abgelegten Kinderschuhen, kaputten Uhren, ausgemusterten Perlenarbeiten etc. zur Neige gegangen war, mussten die Puppenmacherinnen alternative Materialien und Gestaltungsmöglichkeiten finden. So verwendeten sie nun neue Stoffe für Beine und Kleider, Holzscheiben anstelle der Schuhe, fertigten die Msinga-*izicholo* wie auch die Perlenarbeiten in mehreren Kopien u.v.m. Dadurch verringerte sich die Variationsbreite der Gestaltung und die Puppen wurden zunehmend uniformer, wie auf dem Foto von Lobolile Ximba und ihren Puppen deutlich sichtbar ist. Auch die spezifischen, mit den einzelnen Materialien und Zubehörteilen verbundenen Assoziationen gingen dabei verloren: Wessen Schuhe trägt diese Puppe? Wem hat die Uhr des alten Mannes einmal gehört? Als Resultat ging der – für die auffällige Individualität der Puppen der ersten Generation ursächliche – fantasiereiche Beitrag des sozialen Umfelds verloren.

Schließlich verpuffte der schöpferische Impuls, der die Entwicklung vorangetrieben hatte, und das Puppenmachen wandelte sich zu einem eher kundenorientierten Prozess. Er fußte auf einem Prototyp, der sich in der Vergangenheit bereits als markttauglich erwiesen hatte. Doch das geschah erst in der nächsten Generation, als Hluphekile Zumas Tochter Lobolile Ximba die Geschäfte weiterführte. Inzwischen hat die Prozession ländlicher Zulu-Charaktere als Botschafter in einer fremden, postkolonialen Welt auf der Suche nach einem Markt ihre Bestimmungsorte erreicht: die südafrikanischen Museen und zahlreiche private Sammlungen.

1 *Wikipedia*, 14. November 2008: »Obwohl wirtschaftlich auf dem ganzen Kontinent am weitesten entwickelt, gehörte Südafrika zu den letzten Ländern Afrikas, die das Fernsehen bei ihrer Bevölkerung einführten. Hauptsächlich deshalb, weil das Apartheidregime fürchtete, das Fernsehen könnte womöglich seine Ideologie unterminieren. Die weiße Minderheitsregierung betrachtete es als Bedrohung ihrer Kontrolle der Sendemedien, obwohl der staatliche Sender, die *South African Broadcasting Corporation* (SABC), praktisch das Radio-Monopol besaß.«

2 In Muden, dem Hauptanbaugebiet für Orangen, nahmen die Diebstähle derart überhand, dass man die Bäume fällen musste. Nun wird dort Zuckerrohr angebaut.

3 Hluphekile Zuma begann etwa 1987 oder 1988 mit dem Verkauf ihrer Puppen auf dem Markt von Keate's Drift, wo sie mit Interessenten in Berührung kam. Von einem weißen Standbesucher erhielt sie den »Ratschlag«, ihre Puppen mit Augen zu versehen. Das weckte ihr Bewusstsein für die Unterschiedlichkeit kultureller Erwartungshaltungen. Im weiteren Einzugsgebiet von Durban wurden Handelspuppen schon seit den frühen 1980er Jahren hergestellt (Preston-Whyte, 1991).

4 Vgl. Grossert, J. W., *Art Education and Zulu Crafts*, (Shuter & Shooter) Pietermaritzburg, 1968.

5 *African Arts* 1991, Vol. XXIV, No.1 pp. 71–75. Compare also Preston-Whyte, E. & Thorpe, J., "Ways of Seeing, Ways of Buying; Images of Tourist Art and Cultural Expression in Contemporary Beadwork," *African Art in Southern Africa: From Tradition to Township*, eds. Nettleton, A. and Hammond-Tooke, W. D., Johannesburg 1989: A. D. Donker: "Considerable time and energy are devoted by staff to advising producers on form and colour and in quality control. In this manner the Art Centre provides a unique opportunity for craftspeople to learn and experiment while taking home the money which most need so desperately" (1989:21).

6 Typical examples may be found in Nel, K., Leibhammer, N., and Dell, E. (n.d.) *Evocations of the Child*, (Human and Rousseau) Cape Town-Pretoria-Johannesburg, p. 103, C/ZU Fig. 4 (Subsequently referred to as Evocations).

7 Compare, for instance, Cameron, E. L., *Isn't S/he a Doll. Play and ritual in African sculpture.* (UCLA Museum of Cultural History), Los Angeles 1996, 84/5 Tabwa, DRC; p. 87 Samburu/Turkana, Kenya.

8 For instance in the South African Museum, Cape Town, SAM 1331 from 1911, American Museum of Natural History, Smithsonian 3003, 760 from 1917/18 and *Museum of Mankind* 1954 + 23.3562 dating from 1933. Illustrations in *Evocations*, pp. 100, 102.

9 *Evocations of the Child*, op.cit. p. 104, Detail p. 98. Also further details on firing and on the makers.

10 The studio was founded in the late 1940s and was active until 35mm colour photography became ubiquitous around the mid 1990s. These black and white pictures were taken on 6 x 6 cm film with a Rolleiflex camera. The centre panels were then printed to postcard size (9 x 14 cm) and date stamped on the back. In one estimation the Studio must have taken between 8,000 and 10,000 such photos between 1967 and 1990 when Richard Ndimande switched to colour photography. When the business was no longer viable he moved into furniture manufacturing in Ladysmith.

11 Interview with KwaMashu, Durban, beadwork artist Caesar Mkhize conducted by Mthokozisi Phungulu at the Natal Museum, Pietermaritzburg, during Nov. 2008.

12 From interviews with beadwork makers in the field. Compare also Grossert, J. W., *Art Education and Zulu Crafts*, (Shuter & Shooter) Pietermaritzburg 1968, Vol. 2, pp. A.154f. quoting Princess Magogo's explanation of colours. I have abbreviated the texts.

13 Partly mediated by the success of the dolls, the Msinga *isicholo* has become an architectural feature in the United States. Many hundreds of these hats have been manufactured and exported in recent years.

14 The crowded "compounds" in which mine workers were accommodated proved particularly stressful and frequently led to mental breakdowns as a number of carvers that had opted out and returned to the countryside told me.

15 This hairstyle was probably fashionable in the 1950s. It does not figure in the photos taken by Richard Nzimande in his studio in Greytown, which go back as far as the mid 1960s.

16 Personal communication Clive Newman 16.11.2008. Clive Newman, an Anglican parson and a distinguished anthropologist was murdered in the course of a highjacking in Nov. 2009.

17 Compare Jolles 1994, p. 62f. „The adaptation of traditional dolls for a Western urban market has been noted in other parts of South Africa. Anitra Nettlton and David Hammond-Tooke report that Pedi and Ntwane dolls have been traded in this way 'in recent years,' and that 'in many cases the dolls made for this purpose have altered, with their details changing in such a way as to make them unacceptable for use in traditional contexts where these still exist' (1989: 21)".

18 Graburn, N. H. H. (ed.), *Ethnic and Tourist Arts*, (University of California Press), Berkeley 1976.

19 Compare Borgatti, J. M. 1990, „Portraiture in Africa", *African Arts* Vol. 23, No. 3, pp. 35–39.

20 Roberts, A. F., „Social and Historical Contexts of Tabwa Art." In *The Rising of a New Moon: a Century of Tabwa Art*, eds. Maurer, Evan M. and Roberts, Allen F. pp. 1–48. Ann Arbor: University of Michigan Museum of Arts 1985.

5 *African Arts* 1991, Vol. XXIV, No.1, S. 71–75. Vgl. auch Preston-Whyte, E. / Thorpe, J., »Ways of Seeing, Ways of Buying; Images of Images of Tourist Art and Cultural Expression in Contemporary Beadwork«, *African Art in Southern Africa: From Tradition to Township*, hrsg. von A. Nettleton und W.D. Hammond-Tooke, Johannesburg 1989: A.D. Donker: »Die Mitarbeiter wendeten beträchtliche Zeit und Energie auf, um den Puppenmacherinnen Ratschläge hinsichtlich Form und Farbe sowie Qualitätskontrolle zu erteilen. Auf diese Weise eröffnet das Art Centre den Kunsthandwerkerinnen eine einzigartige Möglichkeit, zu lernen und zu experimentieren, während sie zugleich das von den meisten so verzweifelt benötigte Geld mit nach Hause nehmen konnten« (1989, S. 21).

6 Typische Beispiele finden sich in Nel, K., Leibhammer, N., und Dell, E., (n.d.) *Evocations of the Child*, (Human and Rousseau), Cape Town-Pretoria-Johannesburg, S.103, C/ZU Abb. 4. (Nachfolgend als *Evocations* zitiert.)

7 Vgl. beispielsweise E.L. Cameron, *Isn't S/he a Doll. Play and ritual in African sculpture.* (UCLA Museum of Cultural History), Los Angeles 1996, 84/5 Tabwa, DRC; S. 87 Samburu/Turkana, Kenya.

8 Zum Beispiel im *South African Museum*, Cape Town, SAM 1331 von 1911, *American Museum of Natural History*, Smithsonian 3003, 760 von 1917–18, und *Museum of Mankind* 1954 + 23.3562, von 1933. Illustrationen in *Evocations*, S. 100, 102.

9 *Evocations of the Child*, op.cit. S. 104, Detail auf S. 98. Mit weiteren Einzelheiten über Brennvorgänge und Puppenmacherinnen.

10 In den späten 1940er Jahren gegründet, war das Studio bis in die Mitte der 1990er Jahre tätig, als die 35-mm-Farbfilm-Fotografie allgegenwärtig wurde. Die hier abgebildeten Schwarz-Weiß-Aufnahmen entstanden im Format 6 x 6 auf einer Rolleiflex-Kamera. Von den Zentralmotiven wurden dann Ausschnittvergrößerungen im Postkartenformat (9 x 14 cm) angefertigt und rückseitig mit einem Datumsstempel versehen. Einer Schätzung nach muss Richard Ndimande in seinem Studio rund 8.000–10.000 solcher Aufnahmen gemacht haben – in den Jahren zwischen 1967 und 1990, als er zur Farbfotografie überwechselte. Als das Geschäft nicht mehr genug abwarf, gründete er eine Möbelschreinerei in Ladysmith.

11 Interview im November 2008 mit dem Perlenkünstler Caesar Mkhize aus KwaMashu, geführt von Mthokozisi Phungulu im *Natal Museum*, Pietermaritzburg.

12 Aus Interviews mit in diesem Bereich tätigen Perlenkünstlern. Vgl. ebenfalls: Grossert, J.W., *Art Education and Zulu Crafts*, (Shuter & Shooter) Pietermaritzburg 1968, Vol. 2, S. A.154f., worin Prinzessin Magogos Erklärung der Farben zitiert wird.

13 Teilweise durch den Erfolg der Puppen hervorgerufen, hielt der *isicholo* der Msinga-Gruppen Einzug in das Repertoire US-amerikanischer Architekturdekorationen. In den letzten Jahren wurden viele Hunderte dieser Hüte hergestellt und exportiert.

14 Die überfüllten Massenunterkünfte der Minenarbeiter erwiesen sich für sie als besonderer Stressfaktor, viele von ihnen erlitten seelische Zusammenbrüche, wie mir einige Holzschnitzer berichteten, die »ausgestiegen« und aufs Land zurückgekehrt waren.

15 Diese Art von Haartracht war vermutlich in den 1950er Jahren in Mode. Sie erscheint nicht (mehr) auf Richard Ndimandes Greytown-Studioaufnahmen, die erst ab Mitte der 1960er Jahre entstanden.

16 Persönliches Gespräch mit Clive Newman am 16.11.2008.

17 Vgl. Jolles 1994, S. 62f.: »Die Anpassung traditioneller Puppen an den Markt der weißen Stadtbevölkerung ist in anderen Teilen Südafrikas beobachtet worden. Nach Berichten von Anitra Nettleton und David Hammond-Tooke wurde ›in jüngerer Zeit‹ mit den Puppen der Pedi und Ntwane Handel getrieben, und die ›zu diesem Zweck hergestellten Puppen vielfach in ihren Details dermaßen verändert, dass sie für die Verwendung im traditionellen Brauchtum, wo dieses noch existiert, nicht mehr akzeptabel waren‹ (1989, S. 21).«

18 Graburn, N.H.H. (Hrsg.), *Ethnic and Tourist Arts*, University of California Press, Berkeley 1976.

19 Vgl. Borgatti, J.M., »Portraiture in Africa«, *African Arts* Vol. 23, Nr. 3, 1990, S. 35–39.

20 Roberts, A.F., »Social and Historical Contexts of Tabwa Art«, in: *The Rising of a New Moon: a Century of Tabwa Art*, hrsg. von Evan M. Maurer und Allen F. Roberts, S. 1–48. University of Michigan Museum of Arts, Ann Arbor/Michigan 1985.

THE
DULGER-COLLECTION
DIE SAMMLUNG
DULGER

PLATES

SYSTEMATIC OVERVIEW

The dolls are presented by type:

- Traditional courtship dolls (fig. 35 to 43)
- Maize cob based rag dolls made by young girls as toys (fig. 45 to 48)
- Cob cattle (fig. 49 to 51)
- Clay dolls (fig. 53 to 77)
- Transitional dolls which still retain basic features of the traditional courtship dolls (fig. 78 to 97)
- Transitional developed dolls which still retain some traditional features (fig. 98 to 101)
- "Character dolls", independent creations depicting people from Zulu society without reference to courtship dolls (fig. 103 to 152)

Fig. p. 48/49 | Abb. S. 48/49:
32 KwaLatha landscape, 1989. In the foreground finished frame for a new house constructed with timber from white-owned forestry plantations (Sappi, Mondi) from outside the reservation.

Die Landschaft von KwaLatha, 1989. Rechts im Vordergrund das fertige Gerüst eines Hauses, errichtet aus Bauholz forstwirtschaftlicher Baumschulen (Sappi, Mondi) außerhalb des Reservats.
Photo: Frank Jolles.

SYSTEMATISCHER ÜBERBLICK

Die Puppen sind nach Typen geordnet:

- Traditionelle Brautwerbungspuppen (Abb. 35 bis 43)
- Von kleinen Mädchen gefertigte Spielzeug-Stoffpuppen mit Maiskolben-Körper (Abb. 45 bis 48)
- Maiskolben-Rinder (Abb. 49 bis 51)
- Tonpuppen (Abb. 53 bis 77)
- Puppen der Übergangsphase, die noch die Grundzüge der traditionellen Brautwerbungspuppen tragen (Abb. 78 bis 97)
- Puppen der Übergangsphase, die noch einige der traditionellen Merkmale aufweisen (Abb. 98 bis 101)
- „Charakterpuppen", eigenständige Schöpfungen, die Mitglieder der Zulu-Gemeinschaft porträtieren (Abb. 103 bis 152)

33, 34 The two main doll-makers, Hluphekile MaMchunu Zuma and Japha MaButhelezi Mhlongo at Hluphekile's home, KwaLatha. 1989.
Hluphekile MaMchunu Zuma und Japha MaButhelezi Mhlongo vor Zumas Haus in KwaLatha, 1989.
Photo: Frank Jolles.

45 MAIZE COB BASED RAG DOLLS MADE BY YOUNG GIRLS AS TOYS
VON KLEINEN MÄDCHEN GEFERTIGTE SPIELZEUG-STOFFPUPPEN MIT MAISKOLBEN-KÖRPER

49–51 COB CATTLE
MAISKOLBEN-RINDER

56–60

65–68

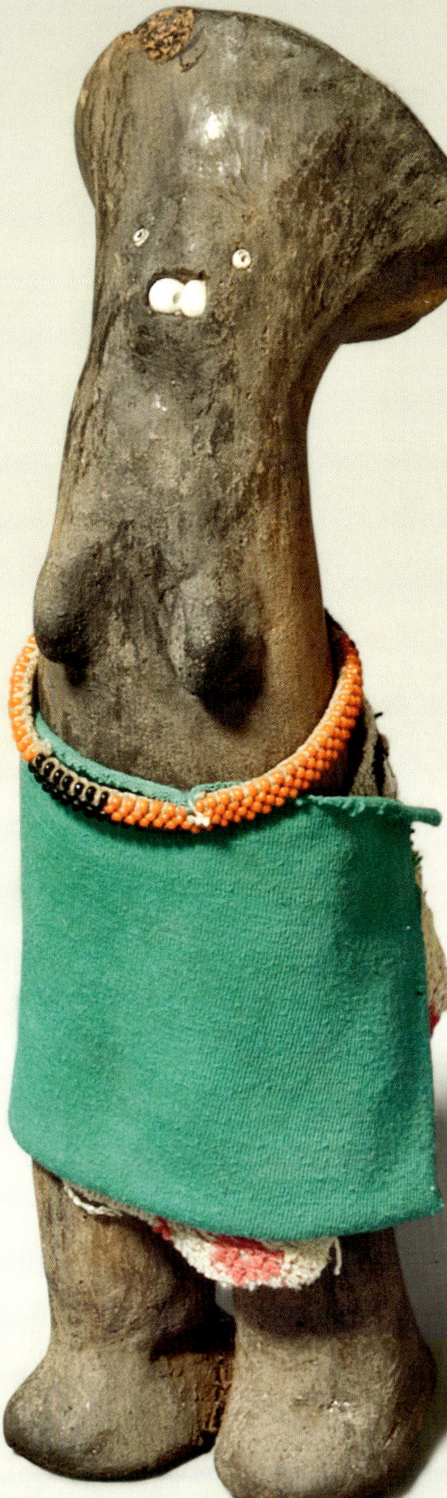

TRANSITIONAL DOLLS WHICH STILL RETAIN BASIC FEATURES
OF THE TRADITIONAL COURTSHIP DOLLS
PUPPEN DER ÜBERGANGSPHASE, DIE NOCH DIE GRUNDZÜGE
DER TRADITIONELLEN BRAUTWERBUNGSPUPPEN TRAGEN

TRANSITIONAL DOLLS WHICH STILL RETAIN BASIC FEATURES OF THE TRADITIONAL COURTSHIP DOLLS
PUPPEN DER ÜBERGANGSPHASE, DIE NOCH DIE GRUNDZÜGE DER TRADITIONELLEN BRAUTWERBUNGSPUPPEN TRAGEN

TRANSITIONAL DOLLS WHICH STILL RETAIN BASIC FEATURES
OF THE TRADITIONAL COURTSHIP DOLLS
PUPPEN DER ÜBERGANGSPHASE, DIE NOCH DIE GRUNDZÜGE
DER TRADITIONELLEN BRAUTWERBUNGSPUPPEN TRAGEN

DESCRIPTIONS

OBJEKT-BESCHREIBUNGEN

TRADITIONAL COURTSHIP DOLLS TRADITIONELLE BRAUTWERBUNGSPUPPEN

35 Original courtship doll. The "*umzansi*" ["lowland"] colours on a white ground suggest that it was made around 1960, probably in the Muden area which has a convention using these colours. Height 16.5 cm, 1975.

Originale Brautwerbungspuppe. Das *umzansi*-[»Lowland«] Muster auf weißem Grund verweist auf eine Entstehungszeit um 1960, wohl aus dem Muden-Gebiet. Höhe 16,5 cm, 1975.

36 Original courtship doll with *umemulo*- ["coming of age ceremony"] hairstyle called *ufezela*, "scorpion", on account of the similarity to the curved tail of the scorpion. Height 21.5 cm. | The red, white and black beadwork motif and white apron with pointed chrome studs suggest an origin in the Upper Umvoti district just south of Msinga.

Originale Brautwerbungspuppe mit *umemulo*-[»Initiations-Zeremonie«] Haartracht, mit dem *ufezela*-[»Skorpion«] Haarschmuck, der seinen Namen der Ähnlichkeit mit dem eingerollten Schwanz des Skorpions verdankt. Höhe 21,5 cm. | Die in Rot, Weiß und Schwarz gehaltene Perlenarbeit sowie die weiße Schürze mit ihren kegelförmigen Chrom-Zierknöpfen verweisen auf einen Ursprung im Msinga, dem südlich benachbarten Upper Umvoti-Distrikt.

37 Original courtship doll, no further details. | Probably made by Hluphekile Zuma. Height 14.8 cm. | The colours are in the *isishunka* sequence, which is characteristic of the Mchunu clan in Msinga (cf. fig. 18).

Originale Brautwerbungspuppe, ohne weitere Details. | Wohl von Hluphekile Zuma. Höhe 14,8 cm. | Die Farben folgen der *isishunka*-Sequenz, die zum Mchunu-Clan im Msinga-Gebiet gehört. (Vgl. Abb.18)

38 Original non-trade doll, height 15 cm. Bought from African Art Centre, Durban, July 1989. Jo Thorpe, Director of the African Art Centre, says she did not know when she acquired it, but probably about 1980. | Hluphekile Zuma says it is an old doll, not made to sell, dating from her mother's generation (1950s). | Cloth core, twine, beads. | Colours: red – light blue – pink – green.

Originale Puppe, keine Handelsware, Höhe 15 cm. Erworben im Juli 1989 vom African Art Centre in Durban. Jo Thorpe, die damalige Direktorin des African Art Centre, konnte sich an das exakte Ankaufdatum nicht mehr erinnern, es muss wohl um 1980 gewesen sein. | Laut Hluphekile Zuma handelt es sich um eine alte, nicht für den Handel bestimmte Puppe, die aus der Generation ihrer Mutter datiert (1950er Jahre). | Stoffkern, Garn, Perlen. | Farben: Rot, Hellblau, Rosa, Grün.

39 Traditional courtship doll made by Hluphekile Zuma in the old style by request. Height 15 cm, July 1989. Special features: no eyes, speckled cloth. According to Hluphekile Zuma this type of speckling is an old "colour". "Eyes are only for trade dolls in order to appeal to the white man." | Cob core, cloth, beads, twine. Colour scheme: *Isinyolovane*: scattered or mixed, "Irish Stew is *isinyolovane*". It has no special significance, the position of the blues and reds are not important (Interview Hluphekile Zuma: 3.10.89).

Traditionelle Brautwerbungspuppe von Hluphekile Zuma, auf Wunsch im alten Stil gefertigt. Höhe 15 cm, Juli 1989. Besonderheiten: keine Augen, Perlengewand mit gesprenkeltem Muster. | Laut Hluphekile Zuma ist diese Art von Sprenkelung eine alte »Farbe«. »Die Augen sind nur für Handelspuppen, damit die Weißen Gefallen daran finden.« | Maiskolben-Körper, Stoff, Garn. | Farbschema: *Isinyolovane*: »verstreut« oder »gemischt«, »Irish Stew ist *isinyolovane*«. Die Musterung ist ohne spezifische Bedeutung, die Position von Rot und Blau unwichtig (Interview mit Hluphekile Zuma am 3.10.1989).

40 Traditional courtship doll made by Hluphekile Zuma by request in the old style that she made when she was an *intombazane*, i.e. a teenager. Height 13.5 cm, July 1989. | Cloth core, cloth, twine, beads. | Colour scheme: green – blue – green – white. | "The colour scheme has no significance. But she has a special hairstyle for a particular ceremony when a girl comes of age: the *umemulo*, it also can be worn for weddings: *umgcagco*." (Modern term *umshato* for church people, *amakholwa*) | The beads in the hair must be those colours, blue and red.

Traditionelle Brautwerbungspuppe von Hluphekile Zuma, auf Wunsch in jenem alten Stil, in dem sie als *intombazane* [als Teenager] arbeitete. Höhe 13,5 cm, Juli 1989. | Stoffkern, Stoff, Garn, Perlen. | Farbschema: Grün, Blau, Grün, Weiß | »Die Farbabfolge ist ohne Bedeutung. Aber die Puppe hat eine spezielle Haartracht, für eine ganz bestimmte Zeremonie, *umemulo*, wenn ein Mädchen erwachsen wird, in sein Frauenleben eintritt. Sie passt auch für Hochzeiten, *umgcagco*« (die moderne Bezeichnung *umshato* für Kirchenleute, *amakholwa*). | Die Farben der Perlen der *umemulo*-Haartracht sind festgelegt: Blau und Rot, seltener auch Weiß (Sangoma-Haartracht).

41 Doll by Hluphekile Zuma in the old style, but with eyes, so strictly speaking "transitional". Height 1.5 cm, July 1989. | Cloth core, cloth, twine, beads. | Colour scheme: green – black – blue. | "Eyes only put in for white man. Yellow [as surrounding the face here] could also be used traditionally." (Interview Hluphekile Zuma, 3.10.89)

Puppe von Hluphekile Zuma im alten Stil, aber mit Augen, d.h. bereits im »Übergangsstil«. Höhe 11,5 cm, Juli 1989. | Stoffkern, Stoff, Garn, Perlen. | Farbschema: Grün, Schwarz, Blau. | »Die Augen sind bloß für den weißen Mann aufgenäht. Das Gelb [der Gesichtsumrahmung] könnte auch bei traditionellen Puppen verwendet werden.« (Interview mit Hluphekile Zuma am 3.10.1989)

42 Doll by Hluphekile Zuma. Old style made by request. Height 12 cm, July 1989. | Cloth core, cloth, twine, beads. | Colour scheme: blue – red – white. | "This is an old woman, *isalukazi*. This type of doll is not for giving to one's boyfriend but used for playing – some beaded dolls were also used as toys. Made by mothers, and mothers also taught their young daughters how to make them." | Colours? "No particular name [but in fact it is part of the 1960's sequence *umzansi*] – mothers just gave old beads to their daughters." (Interview Hluphekile Zuma, 3.10.89)

Puppe von Hluphekile Zuma. Auf Wunsch im alten Stil gefertigt. Höhe 12 cm, Juli 1989. | Stoffkern, Stoff, Garn, Perlen. | Farbschema: Blau, Rot, Weiß | »Das ist eine alte Frau, eine *isalukazi*. Diese Puppe ist nicht für den Freund / Verlobten bestimmt, sondern zum Spielen. Manche Perlenpuppen dienten auch als Spielzeug. Sie wurden von Müttern gemacht, die dieses Wissen und Können an ihre Töchter weitergaben.« | Die Farben? »Kein spezieller Name, [tatsächlich ist die Abfolge jedoch Teil des *umzansi*-Farbschemas aus den 1960er Jahren.], die Mütter gaben ihren Töchtern einfach alte Perlen.« (Hluphekile Zuma, Interview am 3.10.1989)

43 Doll by Hluphekile Zuma. Height 15 cm. | This doll was made for sale. There is a similar original old doll in the Killie Campbell Collection of the University of KwaZulu-Natal in Durban, but without the gold chain on the back. Cloth core, cloth, twine, beads, metal chain. | Colour scheme: red – black – green – white – green – blue | "The colour scheme is *isishunka*. She is engaged but not yet married, before *ilobolo* [bride-wealth payment]. She is going to her boyfriend's and has to wear the little chain to show that she will be married into the family, to show *hlonipha* [a woman's respect in this situation towards her in-laws]. She could also wear a *kaross*. She can do all the work: fetch water, grind *mielies* [maize], fetch wood: *izinkuni*, bundle of wood: *inyanda*; every day she must fetch new *inyanda* until there is a big heap: *izingodo*, this is the sign of an *umakoti* [young wife] to be. This type was made for love of their boyfriends. The girl who presents her boyfriend with this hopes to become *umakoti* herself. Made for sale, but exactly the same as the old ones. Given to boyfriends: when he visited his girlfriend or went for a special ceremony." (Interview Hluphekile Zuma, 3.10.89)

Puppe von Hluphekile Zuma. Höhe 15 cm. | Handelsware. Ein ähnliches Exemplar, aber alt und original, ist in der Killie Campbell-Sammlung der Universität KwaZulu-Natal in Durban zu finden, allerdings ohne die goldene Kette auf dem Rücken. | Stoffkern, Stoff, Garn, Perlen, Metallkette. | Farbschema: Rot, Schwarz, Grün, Weiß, Grün, Blau | »Die Farbabfolge ist *isishunka*. Das Puppenmädchen ist verlobt, aber noch nicht verheiratet, der *ilobolo* [Brautpreis] noch nicht entrichtet. Sie geht zur Familie ihres Verlobten und muss die kleine Kette tragen, zum Zeichen ihrer Einheirat in seine Familie, um *hlonipa* zu bezeugen [den Respekt einer Frau in dieser Situation vor ihren Schwiegereltern]. Sie könnte auch eine *kaross* [Umhang aus Tierfell bzw. -haut] tragen. Sie kann alle Arten von Arbeiten verrichten: Wasser holen, *Mielies* [Mais] stampfen, Feuerholz sammeln: *izinkuni*, Holzbündel: *inyanda*; sie muss jeden Tag neue *inyanda* beschaffen, bis ein großer Haufen entstanden ist: *izingodo*, das ist das Zeichen einer künftigen *umakoti* [einer jungen Ehefrau]. Die Mädchen machten diesen Puppentyp, um die Liebe ihrer Freunde zu bekommen. Ein Mädchen, das seinem Freund so eine Puppe schenkt, hofft darauf, selbst eine *umakoti* zu werden. Für den Verkauf gefertigt, aber entsprechend der alten Exemplare. Wurde dem Freund überreicht: wenn er seine Freundin besuchte oder an einer speziellen Zeremonie teilnahm.« (Interview mit Hluphekile Zuma am 3.10.1989)

44 At a crossroads in the foothills of the Drakensberg near Bergville, 12 November 2006. Young woman in all her finery going home by "taxi" after visiting her future in-laws. The contemporary equivalent of fig. 43.

An einer Kreuzung in den Ausläufern des Drakensbergs nahe Bergville am 12. November 2006: Eine junge Frau in ihrem ganzen »Brautwerbungsstaat« auf der Heimfahrt im »Taxi«, nach einem Besuch bei ihren Schwiegereltern. Das moderne Äquivalent der Puppe Abb. 43. Photo: Frank Jolles.

MAIZE COB BASED RAG DOLLS MADE BY YOUNG GIRLS AS TOYS

VON MÄDCHEN GEFERTIGTE SPIELZEUG-STOFFPUPPEN MIT MAISKOLBEN-KÖRPER

45 Doll, height 17 cm, July 1989. | Maize cob, cloth, thread. | "Traditional married woman with cloak and *isidwaba* [married women's blackened, pleated hide skirt]". Here it is made of corrugated cardboard hidden beneath the cloak. These dolls were still being made in 1989. Age group ca 8 years. See illustration and text on page 20, fig. 7 for a detailed description of the use of these dolls.

44

Puppe, Höhe 17 cm, Juli 1989. | Maiskolben, Stoff, Schnur. | »Traditionelle verheiratete Frau mit Umhang und *isidwaba* [dem langen, rußgeschwärzten Faltenrock der verheirateten Frau].« Bei diesem Beispiel besteht er aus Wellpappe und verbirgt sich unter dem Umhang. Dieser Puppentyp wurde 1989 noch gefertigt. Die ganze Gruppe stammt aus dieser Zeit, Spielzeug für Mädchen mit etwa 8 Jahren. [Auf Seite 20, Abb. 7 finden Sie eine weitere Abbildung, dazu eine eingehende Erläuterung über die Verwendung dieser Puppen.]

46 Doll, height 20.5 cm. | Maize cob, cloth, thread. | See fig. 45

Puppe, Höhe 20,5 cm. | Maiskolben, Stoff, Schnur. | Siehe auch Abb. 45

47 Doll, height 17 cm. | Maize cob, cloth, thread. | See fig. 45

Puppe, Höhe 17 cm. | Maiskolben, Stoff, Schnur. | Siehe auch Abb. 45

48 Doll, height 18.5 cm, July 1989. | Maize cob, cloth, thread. | "This represents a Christian woman because she is wearing a dress." | For a commentary see fig. 45

Puppe, Höhe ca. 18,5 cm, Juli 1989 | Maiskolben, Stoff, Schnur. | »Die Puppe stellt eine Christin dar, denn sie trägt ein Kleid.« | Weitere Informationen bei Abb. 45

COB CATTLE

MAISKOLBEN-RINDER

49–51 Cob cattle made by Hluphekile Zuma's son Kwazikunaye as toys. Average length 12.3 cm, July 1989. | Maize cobs, wire (for the horns) | "These cattle can fight with others. They make great bellowing sounds" | See also page 20

Maiskolben-Rinder von Hluphekile Zumas Sohn Kwazikunaye zum Spielen gemacht. | Durchschnittslänge 12,3 cm, Juli 1989. | Maiskolben, Draht (für die Hörner) | »Diese Rinder können miteinander kämpfen. Dabei stoßen sie ein lautes Gebrüll aus.« | Siehe auch Seite 20

CLAY DOLLS

TONPUPPEN

52 Procession of clay dolls by Hluphekile Zuma.

Tonpuppen-Prozession, alle von Hluphekile Zuma.

Photo: Action Photos, Pietermaritzburg, 1991.

53–55 Clay dolls by Sizeni MaNgubane Zuma, height (from left to right): 11.1 cm, 11.7 cm, 11.2 cm, 1989. | Clay. | Three women wearing *izicholo*, the Msinga married women's hats.

52

Tonpuppen von Sizeni MaNgubane Zuma, Höhe (von links nach rechts): 11,1 cm, 11,7 cm, 11,2 cm, 1989. | Ton. | Drei Frauen mit dem im Msinga-Gebiet für verheiratete Frauen charakteristischen Hut, dem *isicholo*.

56–60 Clay dolls by Sizeni MaNgubane Zuma, height (from left to right): 11 cm, 12 cm, 13 cm, 10.5 cm, 10.5 cm, 1989. | Clay. | Five unmarried girls [*amatshitshi*]. In real life they would have been wearing small pubic aprons, *isigege*, (plural: *izigege*) beaded in the colours of their home region.

Tonpuppen von Sizeni MaNgubane Zuma, Höhe (von links nach rechts): 11 cm, 12 cm, 13 cm, 10,5 cm, 10,5 cm, 1989. | Ton. | Fünf unverheiratete junge Mädchen [*amatsishi*]. Normalerweise würden junge Mädchen kleine Schürzen, *isigege* [Plural: *izigege*], mit Perlenschmuck in den Farben und Mustern ihrer Heimatregion tragen.

61–64 Clay dolls by Hluphekile Zuma, height (from left to right): 16.5 cm, 16.3 cm, 16 cm, 16.6 cm, made May 1989. | "Men wearing front and back skirts *umutsha*, given by father at coming of age ceremony; *ibheshu*, "apron of soft skin to cover buttocks." (Further information at fig. 101) | Traditional toys that used to be made by young girls to play with. | From left to right:

Männliche Tonfigürchen von Hluphekile Zuma, Höhe (von links nach rechts): 16,5 cm, 16,3 cm, 16 cm, 16,6 cm, gefertigt im Mai 1989. | Männer mit *umutsha*, Vorder- [*isinene*] und Rückenschürze [*ibheshu*, aus weichem Tierfell, zur Bedeckung der Pobacken]. Die *umutsha* wird dem Jungen bei der Initiations-Zeremonie vom Vater übergeben. [Weitere Informationen bei Abb. 101] | Traditionelles Spielzeug, üblicherweise von kleinen Mädchen zum Eigengebrauch hergestellt. Von links nach rechts:

61 By Hluphkile Zuma, height 16.5 cm, made July 1989. | Clay, goat skin, beads, string. | "Traditional toys made by young girls, but fired by their mothers".

Von Hluphekile Zuma gefertigt im Juli 1989. Höhe 16,5 cm. | Ton, Ziegenfell, Perlen, Bindfaden. | »Traditionelles Spielzeug, von kleinen Mädchen geformt, aber von ihren Müttern gebrannt.«

65

62 As above. Height = 16.3 cm, made July 1989.
Wie oben. Höhe 16,3 cm, entstanden im Juli 1989.

63 As above. Height = 16 cm, made July 1989.
Wie oben. Höhe 16 cm, entstanden im Juli 1989.

64 As above. Height = 16.6 cm, made May 1989.
Wie oben. Höhe 16,6 cm, entstanden im Mai 1989.

65 See also clay dolls at fig. 63, 64
Siehe auch Tonpuppen Abb. 63, 64
Photo: Acton Photos, Pietermaritzburg, 1991.

66–68 Clay dolls from left to right:
Tonpuppen von links nach rechts:

66 Hluphekile Zuma, height 20.9 cm, made August 1989. | "Mature woman of marriageable age: the headgear indicates readiness to get married, it is an *inkhehli* [plural: *izinkehli*]". The girl that wears it can also be called *inkhehli* ["betrothed girl with top-knot"]. It differs from the hat of the married woman, the *isicholo*, in that it has a hole in the middle of the top (see illustration 69, 70). Note that these girls are not wearing the married women's hide *kaross*, the *isidwaba*. | Clay, cloth, beads, string.

Von Hluphekile Zuma, Höhe 20,9 cm, gefertigt im August 1989. | »Erwachsene junge Frau im heiratsfähigen Alter: Der Kopfputz signalisiert die Bereitschaft zur Hochzeit, es ist ein *inkhehli* [Plural: *izinkehli*]«. Auch das Mädchen, das ihn trägt, kann

69

70

als *inkhehli* bezeichnet werden: »verlobtes Mädchen mit Haarknoten«. Er unterscheidet sich vom *isicholo* der verheirateten Frau durch das Loch in der Mitte (siehe Abb. 69, 70). Man beachte, dass diese Mädchen keinen *isidwaba*, den geschwärzten Faltenrock der verheirateten Frauen tragen. | Ton, Stoff, Perlen, Bindfaden.

67 Same as above. Height 18.2 cm.
Wie oben, Höhe 18,2 cm.

68 Similar to above. Height 15.8 cm. Hluphekile Zuma said that this doll is "a married woman".
Ähnlich wie oben, Höhe 15,8 cm. Laut Hluphekile Zuma ist diese Puppe »eine verheiratete Frau«.

69, 70 *Inkhehli* holding flowers and handbag.
Inkhehli mit Blumensträußchen und Handtasche.
Photos: Z.J.S. Ndimande & Son, 16. Januar 1993.

71, 72 Clay dolls from left to right:
Tonpuppen von links nach rechts:

71 Made by Hluphekile Zuma by request "Traditional play doll", height 17.3 cm, September 1989. | Clay, beads.
Auf Wunsch von Hluphekile Zuma gefertigt »Traditionelle Spielzeugpuppe«, Höhe 17,3 cm, September 1989. | Ton, Perlen.

72 Made by Hluphekile Zuma, height 16.8 cm, May 1989. "Girl wearing seeds of the type worn by babies when they are teething to stop them getting diarrhoea ["Job's Tears", *Coix lacryma-Jobi*]. (Babies wear them as necklaces "to say coming slow, slow teeth". Lettie Mchunu. "Seeds worn by babies as belt below the waist to stop them getting diarrhoea." Hluphekile Zuma.) | Clay, cloth, glass beads, "Job's tears" seeds, string.
Von Hluphekile Zuma, Höhe 16,8 cm, gefertigt im Mai 1989. | »Mädchen mit Kette aus Samen der Sorte, wie man sie zahnenden Babys bei Durchfall gibt. [»Hiobsträne«, *Coix lacrima-jobi*]. (Babys tragen die Ketten um den Hals, um den Zähnen zu sagen, kommt ganz, ganz langsam«, so Lettie Mchunu. »Wenn Babys Samenketten als Gürtel um die Taille tragen, dann bekommen sie keinen Durchfall«, sagt Hluphekile Zuma.) | Ton, Stoff, Glasperlen, Samen des »Hiobstränen-Grases«, Bindfaden.

73

74

73 Clay doll as fig. 71
Tonpuppe wie Abb. 71
Photo: Action Photos, Pietermaritzburg.

74 Clay doll as fig. 71 with *indoda* (husband, senior man) sitting on a stool. The *indoda* is wearing his *ibheshu* and *isinene*. (Compare fig. 121)

Tonpuppe wie Abb. 71 mit *indoda* [Ehemann, älterer Mann, Haushaltsvorstand] auf einem Hocker sitzend. Der *indoda* trägt *ibheshu* und *isinene*. (Vgl. Abb. 121)
Photo: Action Photos, Pietermaritzburg.

75 Clay doll made by Hluphekile Zuma "Mature woman of marriageable age", height 23 cm, May 1989. (See also fig. 66) | Clay, cloth, beads, old beadwork, string.

Tonpuppe von Hluphekile Zuma »Erwachsene junge Frau im heiratsfähigen Alter«, Höhe 23 cm, gefertigt im Mai 1989. (Vgl. auch Abb. 66) | Ton, Stoff, Perlen, alte Perlenarbeit, Wolle.

76 Clay doll by Hluphekile Zuma "Mature woman of marriageable age", height 20 cm, May 1989. (See also fig. 66) | Clay, cloth, beads, woollen thread.

Tonpuppe von Hluphekile Zuma »Erwachsene junge Frau im heiratsfähigen Alter«, Höhe 20 cm, gefertigt im Mai 1989. (Vgl. auch Abb. 66) | Ton, Stoff, Perlen, Wolle.

77 See also clay doll fig. 76
Siehe auch Tonpuppen Abb. 76
Photo: Action Photos, Pietermaritzburg, 1991.

77

TRANSITIONAL DOLLS WHICH STILL RETAIN BASIC FEATURES OF THE COURTSHIP DOLLS

PUPPEN DER ÜBERGANGSPHASE, DIE NOCH DIE GRUNDZÜGE DER TRADITIONELLEN BRAUTWERBUNGSPUPPEN TRAGEN

78 Doll by Hluphekile Zuma "Girl with slanting hair style", height 14 cm. Bought April 1989. | Cloth, twine, glass beads, plastic beads, human hair. | Colours: white – green – black – red = *Umzansi* ["From the lowlands"] convention.

Puppe von Hluphekile Zuma »Mädchen mit Schrägfrisur«, Höhe 14 cm. Erworben April 1989. | Stoff, Bindfaden, Glas- und Plastikperlen, Menschenhaare. | Farben: Weiß, Grün, Schwarz, Rot, das heißt: *umzansi*-Farbschema [»aus dem Tiefland«].

79 Doll by Hluphekile Zuma "Woman with very old traditional hairstyle" (Loop at back). No eyes. Height 14 cm. Bought July 1989. | Cloth, twine, beads, felt. | Colours: dark blue – orange – white – light blue. | Compare fig. 97 by Japha Mhlongo

Puppe von Hluphekile Zuma »Frau mit sehr alter traditioneller Haartracht« (Schlaufe hinten). Keine Augen. Höhe 14 cm. Erworben Juli 1989. | Stoff, Garn, Perlen, Filz. | Farben: Dunkelblau, Orange, Weiß, Hellblau. | Vgl. auch Abb. 97, eine Puppe von Japha Mhlongo

80 Doll by Hluphekile Zuma "Woman with traditional hairstyle", height 14.5 cm. Bought July 1989. | Cloth, twine, beads, felt. | Colours: black – red – white – green – white [Part of the *isishunka* convention].

Puppe von Hluphekile Zuma »Frau mit traditioneller Haartracht«, Höhe 14,5 cm. Erworben Juli 1989. | Stoff, Garn, Perlen, Filz. | Farben: Schwarz, Rot, Weiß, Grün, Weiß [Teil des *isishunka*-Schemas].

81 Doll by Hluphekile Zuma "Married woman with red *isicholo*", height 16 cm. Bought April 1989. | Cloth, twine, beads, woollen thread. | Colours: green – pink – light blue – pink [*Isishunka* convention]. *Isishunka* colour convention finished at the base with a strip of old beadwork taken from a choker [*ipasi*] in the *isimodeni* colour convention of the 1970s.

Puppe von Hluphekile Zuma »Verheiratete Frau mit rotem *isicholo*«, Höhe 16 cm. Erworben April 1989. | Stoff, Garn, Perlen, Wolle. | Farben: Grün, Rosa, Hellblau, Rosa [*Isishunka*-Farbschema]. Am Stand der Puppe ist die *isishunka*-Farbsequenz mit einem Streifen aus einem alten Perlenhalsband [*ipasi*] im *isimodeni*-Muster der 1970er Jahre abgeschlossen.

82 Doll by Hluphekile Zuma "Married woman with striped *isicholo*", height 16.5 cm. Bought July 1989. | Cloth, twine, beads, woollen thread, metal studs as earrings. | Colours: pink – light blue – pink – green –, black [*Isishunka* convention]. Finished at base with a strip of old beadwork from an *ipasi*.

Puppe von Hluphekile Zuma »Verheiratete Frau mit gestreiftem *isicholo*«, Höhe 16,5 cm. Erworben Juli 1989. | Stoff, Garn, Perlen, Wolle, Metallknöpfe. | Farben: Rosa, Hellblau, Rosa, Grün, Schwarz: [*Isishunka*-Farbschema]. Am Stand abgenäht mit einem Perlen-Streifen aus einem alten *ipasi* [Halsband].

83

83 See also dolls fig. 81 and 82
Siehe auch Puppen Abb. 81 und 82
Photo: Action Photos, Pietermaritzburg.

84 Doll by Hluphekile Zuma "Girl with black *isicholo*", height 17 cm. Bought 20 December 1989. | Cloth, twine, beads, woollen thread, plastic. | Colours: red – white/blue/green/orange – blue [*Isinyolovane* (mixed: "Irish Stew") colour convention].

Puppe von Hluphekile Zuma »Mädchen mit schwarzem *isicholo*«, Höhe 17 cm. Erworben 20.12.1989. | Stoff, Garn, Perlen, Wolle, Kunststoff. | Farben: Rot, Weiß/Blau/Grün/Orange, Blau [*Isinyolovane*-Farbschema, »gemischt«: »Irish Stew«].

85 Doll by Japha MaButhelezi Mhlongo "Married woman with black *isicholo*", height 19 cm. Bought 20 December 1989. | Cloth, twine, beads, hair, plastic (?) | Colours: dark blue – red – white [*Umzansi* convention].

Puppe von Japha MaButhelezi Mhlongo »Verheiratete Frau mit schwarzem *isicholo*«, Höhe 19 cm. Erworben 20.12.1989. | Stoff, Garn, Perlen, Haar, Kunststoff (?). | Farben: Dunkelblau, Rot, Weiß [*Umzansi*-Farbschema].

86 Doll by Japha Mhlongo "Married woman with black *isicholo*", height 17 cm. Bought 20 December 1989. | Cloth, twine, beads, woollen thread, plastic (?). | Colours: green – white – dark blue – orange [*Umzansi* convention]. Finished at the base with a red strip of old beadwork which is not a part of the colour convention.

Puppe von Japha Mhlongo »Verheiratete Frau mit schwarzem *isicholo*«, Höhe 17 cm. Erworben 20.12.1989. | Stoff, Garn, Perlen, Wolle, Kunststoff. | Farben: Grün, Weiß, Dunkelblau, Orange [*Umzansi*-Farbschema]. Am Stand abgenäht mit einem Streifen aus alten roten Perlen, deren Farbe nicht in die *Umzansi*-Sequenz gehört.

87 Doll by Japha Mhlongo "Girl with black *isicholo*", height 18.3 cm. Bought 20 December 1989. | Cloth, twine, beads, woollen thread, plastic (?). | Colours: green – white – red [*Umzansi* convention].

Puppe von Japha Mhlongo »Mädchen mit schwarzem *isicholo*«, Höhe 18,3 cm. Erworben 20.12.1989. | Stoff, Garn, Perlen, Wolle, Kunststoff (?). | Farben: Grün, Weiß, Rot [*Umzansi*-Farbschema].

88 Doll by Japha Mhlongo "A girl with green *isicholo*", height 16.5 cm. Bought 20 December 1989. | Cloth, twine, beads, woollen thread, plastic (?). | Colours: yellow – red – black – light blue [*Isithemba* convention], but Hluphekile says that "Japha didn't have the green to complete the sequence." | Nevertheless, "the green of the hat was not meant to replace the missing green of the beads."

Puppe von Japha Mhlongo »Mädchen mit grünem *isicholo*«, Höhe 16,5 cm. Erworben 20.12.1989. | Stoff, Garn, Perlen, Wolle, Kunststoff (?). | Farben: Gelb, Rot, Schwarz, Hellblau [*Isithemba*-Farbschema], doch laut Hluphekile Zuma »hatte Japha kein Grün mehr, um die Farbabfolge zu vervollständigen«. | Dennoch wurde »das Grün des Hutes nicht ausgewählt, um das in der *Isithemba*-Sequenz fehlende Grün zu ersetzen.«

89 Doll by Japha Mhlongo "Girl with black *isicholo*", height 16.5 cm. Bought 20 December 1989. | Cloth, twine, beads [including carnelian "white hearts"], woollen thread, plastic (?). | Colours: carnelian – black – green – fawn [*Isishunka* convention].

Puppe von Japha Mhlongo »Mädchen mit schwarzem *isicholo*«, Höhe 16,5 cm. Erworben 20.12.1989. | Stoff, Garn, Perlen [darunter auch Überfangglas-Perlen in Rot-Orange mit weißem Kern], Wolle, Kunststoff (?). | Farben: Rot-Orange, Schwarz, Grün, Beige [*Isishunka*-Farbschema].

90 Doll by Hluphekile Zuma "Girl with black hair", height 12.4 cm. Bought 20 December 1989. | Cloth, twine, beads, human hair. | Colours: mixed – fawn – dark blue – green. No particular convention.

Puppe von Hluphekile Zuma »Mädchen mit schwarzem Haar«, Höhe 12,4 cm. Erworben 20.12.1989. | Stoff, Garn, Perlen, Menschenhaare. | Farben: Buntgemischt, Beige, Dunkelblau, Grün. Kein bestimmtes Farbschema.

91 Doll by Gladys MaMhlongo Zuma "Girl with red *isicholo*", height 17.5 cm. Bought 20 December 1989. | Cloth, twine, beads (coloured = glass, white= plastic), woollen thread. | Colours: dark blue – white – green [*Umzansi* convention].

Puppe von Gladys MaMhlongo Zuma »Mädchen mit rotem *isicholo*«, Höhe 17,5 cm. Erworben 20.12.1989. | Stoff, Garn, Perlen (die bunten aus Glas, die weißen aus Plastik), Wolle. | Farben: Dunkelblau, Weiß, Grün [*Umzansi*-Farbschema].

92 Doll by Hluphekile Zuma "*Ithwasa*" [Woman training to become a Sangoma], height 13 cm. | Note the beaded sangoma hairstyle and the sacrificial goat's gall bladders. | Cloth, twine, beads, plastic. |Colours: black – white – green – yellow. | Hluphekile Zuma called this "*izinyolovane*" because it does not correspond to any convention.

Puppe von Hluphekile Zuma »*Ithwasa*« [Frau am Ende ihrer Ausbildung zur Sangoma (Wahrsagerin/Heilerin)], Höhe 13 cm. | Man beachte die Sangoma-Perlenhaartracht und die leeren, aufgeblasenen Gallenblasen von den bei der Sangoma-Zeremonie geopferten Ziegen. | Stoff, Garn, Perlen, Kunststoff. | Farben: Schwarz, Weiß, Grün, Gelb. | Hluphekile Zuma nannte das Muster »*izinyolovane*«, weil es sich auf kein bestehendes Farbschema bezieht.

93 Doll by Hluphekile Zuma "Girl with *umemulo* hairstyle", height 16 cm. Bought 3 February 1990. | Cloth, twine, beads. | Colours: blue – mixture – yellow – red – white – fawn – black. | Hluphekile Zuma called this "*izinyolovane*" as there is some admixture and the whole does not correspond to a regular convention.

Puppe von Hluphekile Zuma »Mädchen mit *umemulo*-Haartracht«, Höhe 16 cm. Erworben 3.2.1990. | Stoff, Garn, Perlen. | Farben: Blau, Buntgemischt, Gelb, Rot, Weiß, Beige, Schwarz. | Hluphekile Zuma nannte diese Farbabfolge »*izinyolovane*«, weil sie einen bunt gemusterten Farbstreifen enthält und das Ganze sich nicht auf ein bestehendes Farbschema bezieht.

94 Doll by Hluphekile Zuma "Engaged girl or young wife [*umakoti*] with green *inkhehli* and long plaited strands with an *ufezela* [*Inkehli* refers to the hat. It is a girl's hat with a hole in the top (cf. notes and images to fig. 66). The *ufezela* (scorpion) is the spiral of hair worn on the forehead], height 17.5 cm. | Cloth, twine, beads, plastic. | Colours: blue – mixture: red/blue & blue/white – white [*Isinyolovane* convention].

Puppe von Hluphekile Zuma »Verlobtes Mädchen oder junge Ehefrau [*umakoti*] mit grünem *inkhehli*-Hut und langen, geflochtenen »Haar«-Strähnen mit einer *ufezela*« [*Inkhehli* bezieht sich auf den Hut. Es ist der Hut der jungen Mädchen mit einem Loch in der Mitte (vgl. Bildbeschreibung und Abb. 66). Die *ufezela* [»Skorpion«] ist der schneckenförmig aufgedrehte Haarschmuck oberhalb der Stirn.], Höhe 17,5 cm. | Stoff, Garn, Perlen, Kunststoff. | Farben: Blau, Mischung: Rot/Blau & Blau/Weiß, Weiß [*Isinyolovane*-Farbschema].

95 Doll by Japha Mhlongo "Engaged girl with red *inkhehli*", height 18 cm. Bought 3 February 1990. | Cloth, twine, beads, woollen thread, plastic. | Colours: black – red – black [*Isishunka* convention], "no green because it is very short".

Puppe von Japha Mhlongo »Verlobtes Mädchen mit rotem *inkhehli*«, Höhe 18 cm. Erworben 3.2.1990. | Stoff, Garn, Perlen, Wolle, Kunststoff. | Farben: Schwarz, Rot, Schwarz [*Isishunka*- Farbschema], allerdings »ohne Grün, weil das sehr knapp ist.«

96 Doll by Japha Mhlongo "Married woman with large red *inkhehli*", height 18 cm. Bought 3 February 1990. | Cloth, twine, beads, woollen thread, plastic. | Colours: green – white – red – blue [*Umzansi* convention].

Puppe von Japha Mhlongo »Verheiratete Frau mit großem rotem *inkhehli*«, Höhe 18 cm. Erworben 3.2.1900. | Stoff, Garn, Perlen, Wolle, Kunststoff. | Farben: Grün, Weiß, Rot, Blau [*Umzansi*-Farbschema].

97 Doll by Japha Mhlongo "Woman with old hairstyle", height 14.8 cm. Bought 3 February 1990. Cloth, twine, beads, felted woollen thread. | Colours: green – blue – white. | See also fig. 79

Puppe von Japha Mhlongo »Frau mit Haartracht im alten Stil«, Höhe 14.8 cm. Erworben 3.2.1990. | Stoff, Garn, Perlen, Wollfilz-Fäden. | Farben: Grün, Blau, Weiß. | Siehe auch Abb. 79

TRANSITIONAL DEVELOPED DOLLS WHICH STILL RETAIN SOME TRADITIONAL FEATURES

PUPPEN DER ÜBERGANGS-PHASE, DIE NOCH EINIGE DER TRADITIONELLEN MERKMALE AUFWEISEN

98 Doll by Hluphekile Zuma "Umfana" [A boy], height 9 cm. Bought from the *African Arts Shop*, Pietermaritzburg, October 1989. | Cloth, twine, beads, human hair. | Colours: black – orange – black [*isishunka* convention]. Mainly white belt [*ixhama*], of old beadwork. | According to sangoma Remigius of Pomeroy, dolls like this were used as fertility dolls: "To be given to a woman by sangoma saying this is your baby. The woman takes him, strokes him and talks to him like a baby." | Hluphekile Zuma says: "Just made, never used traditionally, never had legs traditionally." (Interview Hluphekile Zuma, 3.10.89)

Puppe von Hluphekile Zuma »*Umfana*« [»Junge«], Höhe 9 cm. Erworben im *African Arts Shop*, Pietermaritzburg, Oktober 1989. | Stoff, Garn, Perlen, Menschenhaar. | Farben: Schwarz, Orange, Schwarz [*isishunka Farbschema*]. Gürtel [*ixhama*], überwiegend in Weiß, aus einer alten Perlenarbeit. | Nach Aussage des Sangoma Remigius aus Pomeroy wurden Puppen wie diese als Fruchtbarkeitssymbole verwendet: »Der Sangoma gab einer Frau so einen Puppenjungen und sagte, das ist dein Baby. Die Frau nimmt ihn, streichelt ihn und spricht mit ihm wie mit einem Baby.« | Hluphekile Zuma sagt zu dieser Puppe: »Neu gemacht, nie im traditionellen Gebrauch gewesen, traditionell niemals mit Beinen.« (Interview mit Hluphekile Zuma am 3.10.1989)

99 "Sangoma Doll" with legs and arms and a switch. Height 20 cm (with feathers). This was bought from the African Arts Shop in Pietermaritzburg in October 1989. It was labelled as made in the 1960s but in fact was made by Hluphekile Zuma. | Cloth, twine, beads, cane, wire, metal studs, feathers. | Colours: blue – red – ornaments of various colours. | "A male fully trained Sangoma." "Feathers, hair, headdress: <u>ordinary</u> headdress. Special stick carried by *isangoma*, not of any particular wood. Colours not in themselves significant, but red and black are mostly used. Cross bandolier, *umqwaba*, is made from the goat that is slaughtered when he comes home: it signifies acceptance by his ancestors, his family and other *izangoma* [plural form of *isangoma*]." (Interview Hluphekile Zuma, 3.10.89)

»Sangoma-Puppe« mit Armen und Beinen sowie Rute. Höhe (mit Federn) 20 cm. Die Puppe wurde im Oktober 1989 im *African Arts Shop* in Pietermaritzburg erworben. Laut Etikett sollte sie aus den 1960er Jahren stammen, tatsächlich ist sie jedoch eine Arbeit von Hluphekile Zuma. | Stoff, Garn, Perlen, Rohr, Draht, Metallknöpfe, Federn. | Farben: Blau, Rot, Verzierungen in verschiedenen Farben. | »Ein männlicher voll ausgebildeter Sangoma. Federn, Haare, Kopfputz: gewöhnlicher Kopfputz [für Sangoma]. Spezieller Stock, den der Sangoma trägt, aber nicht aus einem bestimmten Holz. Die Farben sind ohne spezielle Bedeutung, aber meist werden Rot und Schwarz verwendet. Die *umqwaba*, der auf der Brust gekreuzte Perlengürtel, ist aus der Haut der Ziege, die geschlachtet wird, wenn er nach Hause kommt: Der Gürtel steht für die Akzeptanz des Sangoma durch seine Ahnen, seine Familie und andere *izangoma* [Plural von *isangoma*].« (Interview mit Hluphekile Zuma am 3.10.1989)

100 Doll by Hluphekile Zuma "Married woman wearing hat and *isidwaba*", height 24.5 cm. Bought March 1989. | Cloth, cane, corrugated cardboard, beads, twine, wire. | Colours: orange – yellow – orange – yellow – light blue. Along with the *isicholo*, the flared hat made red with ochre, a married woman will always wear the *isidwaba*, a blackened, pleated goat-skin or calf-skin skirt. This is the sign of her status as a married woman. Unlike the flared hat, it is not restricted to the Msinga area. | "If a girl wears the woman's kilt she must be avoided by any young man, i.e. she is already betrothed." (Doke & Vilakazi 1990, p. 177). Japha Buthelezi told me that she never took her *isidwaba* off, not even at night.

Puppe von Hluphekile Zuma »Verheiratete Frau mit *isicholo* und *isidwaba*«, Höhe 24,5 cm. Erworben März 1989. | Stoff, Rohr, geschwärzte

Wellpappe, Perlen, Garn, Draht. | Farben (Rumpf): Orange, Gelb, Hellblau. | Zusammen mit dem *isicholo*, dem breitkrempigen, mit rotem Ocker gefärbten Hut, wird eine verheiratete Frau immer ihren *isidwaba*, den rußgeschwärzten Faltenrock aus mit Fett geschmeidig gemachter Ziegen- oder Kalbshaut tragen. Es sind die äußeren Insignien ihres Status als verheiratete Frau. Anders als der ausladende Hut ist der Faltenrock nicht nur im Msinga-Gebiet beheimatet. | »Trägt ein Mädchen den Rock der verheirateten Frau, müssen alle jungen Männer einen Bogen darum machen, denn es ist bereits verlobt.« (Doke & Vilakazi 1990, S. 177). Wie Japha Buthelezi erzählte, legte sie ihren *isidwaba* niemals ab, auch nicht nachts.

101 Doll by Hluphekile Zuma "*Umfana*, young man wearing the *umutsha*", height 23.5 cm. Bought July 1989. | Cloth, cane, goat skin, Indian freshwater black and red coral beads, twine. | Colours: black – red – black – blue – green. | The *umutsha*, loin covering, is the men's traditional dress, the counterpart to the women's *isidwaba*. It consists of two parts: the *isinene* consisting of strips of skin at the front and the *ibheshu* a sort of back apron covering the buttocks. It is usually given to a boy on reaching puberty by his father.

Puppe von Hluphekile Zuma »*Umfana*, junger Mann in seiner *umutsha*«, Höhe 23,5 cm. Erworben Juli 1989. | Stoff, Rohr, Ziegenfell, indische Süßwasser-Korallenperlen in Schwarz und Rot, Garn. | Farben: Schwarz, Rot, Schwarz, Blau, Grün. | Die *umutsha* [der Lendenschurz] ist das traditionelle Kleidungsstück der Männer, das Gegenstück zum *isidwaba* der Frauen. Er besteht aus zwei Teilen: der aus einem (in Streifen geschnittenen) Stück Fell gefertigten *isinene* für vorne und dem *ibheshu*, einer Art Rückenschürze, zur Bedeckung der Pobacken. Üblicherweise bekommen die jungen Männer ihren *umutsha* beim Eintritt in die Pubertät (»Initiationszeremonie«) von ihren Vätern.

CHARACTER DOLLS

CHARAKTERPUPPEN

Whereas in the previous section the dolls were arranged according to a typology based on formal considerations and materials and methods of construction, the sequence in which the dolls are presented in this section corresponds in most cases to the date of acquisition, in other respects it is random, except insofar as dolls made about the same time often stand in some relationship to each other, such as *isangoma* and *ithwasa*, diviner and trainee.

Die Anordnung der Puppen in den vorangegangenen Kapiteln orientiert sich an einer Typologie, der formale Gesichtspunkte, Materialien und Herstellungstechniken zugrunde liegen. Dagegen dient in diesem Kapitel (in den meisten Fällen) das Kaufdatum der Puppen als Ordnungsprinzip.

102 Houses at KwaLatha, neighbours of Hluphekile Zuma. The house to the left is a typical construction of rounded, mostly river boulders supported by a wooden lattice frame. Note the euphorbia bushes in the immediate foreground: these plants are considered as indicators of severe soil erosion.

Hütten in KwaLatha, Nachbarn von Hluphekile Zuma. An der Kegelhütte links lässt sich die lokaltypische Bauweise erkennen; gerundete Geröllbrocken, meist Flusssteine, mit einem Holzgerüst als Stützkonstruktion. Die Euphorbien im Vordergrund gelten als Merkmal einer ausgeprägten Bodenerosion.
Photo: Frank Jolles, 1988.

103 Doll by Hluphekile Zuma "Married woman with *isicholo*", height 41 cm. Acquired June 1989. | Cloth, cane, wire, woollen thread, beads, twine. | She is wearing a long string of old beads [*ucu*] over her left shoulder.

Puppe von Hluphekile Zuma »Verheiratete Frau mit *isicholo*«, Höhe 41 cm. Erworben Juni 1989. | Stoff, Rohr, Draht, Wolle, Perlen, Garn. | Sie trägt einen langen Strang mit alten Perlen [*ucu*] über ihrer linken Schulter.

102

104 Doll by Hluphekile Zuma "Married woman with blue *isicholo*", height 46 cm. Acquired June 1989. | Cloth, wire, cane, old beadwork. | She is wearing a married women's belt, the *ixhama*, which indicates that she has had a child. The doll's *ixhama* is made from an old piece of beadwork, a choker, ipasi, in the Msinga *isimodeni*, "modern" style of the 1970s. Note that under her skirt she is wearing the obligatory married women's *isidwaba* made of blackened corrugated cardboard to represent hide. (See also fig. 100) | "She is no longer young. Has already had babies." (Interview Hluphekile Zuma, 3.10.89)

Puppe von Hluphekile Zuma »Verheiratete Frau mit blauem *isicholo*«, Höhe 46 cm. Erworben Juni 1989. | Stoff, Draht, Rohr, alte Perlenarbeit. | Sie trägt den Gürtel der verheirateten Frau, den *ixhama*, der darauf verweist, dass sie schon ein Kind geboren hat. Der *ixhama* der Puppe ist aus einem Teil einer alten Perlenarbeit gefertigt, einem *ipasi*, einem Halsband – hier im *isimodeni*-Muster, dem »modernen« Stil der 1970er Jahre. Die Puppe trägt unter ihrem »Überrock« den *isiwaba*, den obligatorischen Rock der verheirateten Frau. Hier besteht er aus geschwärzter Wellpappe, die Tierhaut imitieren soll. (Vgl. Abb. 100) | »Sie ist nicht mehr jung, sie hatte schon Kinder.« (Interview mit Hluphekile Zuma am 3.10.1989)

105 See also dolls fig. 104 and 103

Siehe auch Puppen Abb. 104 und 103

Photo: Action Photos, Pietermaritzburg, 1991.

106 Doll by Hluphekile Zuma "Old man with headring", height 55 cm. Acquired April 1989. | Cloth, goat skin, knitted wool, wire, cane, string, horn, old beadwork, rubber, feathers. | "He is old but still strong. An old man etc. carrying shield, not a war shield, ceremonial shield: *ihawu*. He is wearing a watch, perhaps his son brought it for him from Johannesburg. But he is still working for somebody ... perhaps looking after your house. Wearing horn with *muthi* with porcupine quill [*inungu*] inside for injections. It must be dipped in the *muthi* and then jabbed into the skin all the way down from the head to the feet. This is very painful. It can also be done on a person's shadow. He is wearing his best clothes. He is a well to do old man with more than one wife and lots of cattle. He is *very* clever, young at heart, showing off, competing with young men, he doesn't want to look old or feel old. ... The

105

107

beadwork is made by his wives. ...His wife is the one the [Natal] museum has with the baby on her back wearing *amashuqu* [i.e. one of his wives]." (Interview Hluphekile Zuma, 3.10.89)

Puppe von Hluphekile Zuma »Alter Mann mit Kopfring«, Höhe 55 cm. Erworben April 1989. | Stoff, Ziegenfell, Wollstrick, Draht, Rohr, Bindfaden, Horn, alte Perlenarbeit, Gummi, Federn. | »Er ist alt, aber noch stark. Ein alter Mann ... mit einem Zeremonialschild, einem *ihawu*. Er trägt eine Uhr, die ihm vielleicht sein Sohn aus Johannesburg mitgebracht hat. Aber er arbeitet noch für irgendjemanden... eventuell kümmert er sich um Ihr Haus. Er trägt ein Horn gefüllt mit *muthi* [d.h mit Medizin] und mit Stachelschweinborsten [*inungu*], um Injektionen zu verabreichen. Sie müssen in die Medizin getaucht und dann in die Haut gestochen werden, überall, von Kopf bis Fuß. Das ist sehr schmerzhaft. Es kann aber auch am Schatten der Person gemacht werden. Er trägt seine besten Kleider. Er ist ein wohlhabender alter Mann mit mehr als einer Frau und vielen Rindern. Er ist *sehr* schlau, im Herzen junggeblieben, er bringt sich zur Geltung und misst sich im Wettstreit mit jungen Männern. Er will nicht alt aussehen oder sich alt fühlen. ... Die Perlenarbeiten haben seine Frauen gemacht. Seine Frau [d.h. eine davon] ist die, die das [Natal-]Museum hat, die mit dem Baby auf dem Rücken und der *amashuqu*-[»Gabel-Hörner«] Haartracht.« (Interview mit Hluphekile Zuma am 3.10.1989)

107 See also dolls fig. 106 and fig. 126
Siehe auch Puppen Abb. 106 und Abb. 126
Photo: Action Photos, Pietermaritzburg, 1991.

108 Doll by Hluphekile Zuma "Old woman" (but wearing *isidwaba*), height 43.5 cm. Acquired April 1989. | Cloth, wire, cane, old beadwork, beads. | "Not an *ugogo*, a very old woman, *ugogo* would not be wearing *amashuqu*. (Head covering of cloth, here: bifurcated horns. Doke & Vilakazi: *umshuqulo*: turban, doek, head covering of cloth.) Similar in age to fig. 107 – maybe she is the first wife." (Interview Hluphekile Zuma, 3.10.89)

Puppe von Hluphekile Zuma »Alte Frau« (mit *isidwaba*), Höhe 43,5 cm. Erworben April 1989. | Stoff, Draht, Rohr, alte Perlenarbeit, Perlen. | »Eine sehr alte Frau, eine *ugogo* würde keinen *amashuqu* tragen (Kopfputz aus Stoff, hier die »Gabel-Hörner«-Haartracht imitierend. Doke & Vilakazi: *umshuqulo*: Turban, Tuch, Kopfputz aus Stoff). Im Alter ist sie der Puppe Abb. 107 ähnlich – vielleicht ist sie seine erste Frau.« (Interview mit Hluphekile Zuma am 3.10.1989)

109 See also doll fig. 108
Siehe auch Puppe Abb. 108
Photo: Action Photos, Pietermaritzburg.

110 Doll by Japha MaButhelezi Mhlongo "Pregnant woman wearing pregnancy apron, *isigcayi*", height 49 cm. Acquired April 1989. |

Cloth, wire, cane, plastic, beads. | "First pregnancy. Ornaments just decorative. When she gets married she wears *isicholo* [flat Msinga hat], when she gets tired of this she wears *amashuqu* (See also fig. 108)." This has nothing to do with pregnancy or collecting the wood pile (compare fig. 43). Only married woman wear the *isigcayi*. "It can be worn even before pregnancy: if after a while you don't get pregnant you put it away again." Compare fig. 117: "an unmarried girl can also wear the *isigcayi* out of modesty to cover her breasts when visiting her future husband's family." (Interview Hluphekile Zuma, 3.10.89)

Puppe von Japha MaButhelezi Mhlongo »Schwangere mit Umstandsschürze [*isigcayi*]«, Höhe 49 cm. Erworben April 1989. | Stoff, Draht, Rohr, Kunststoff, Perlen. | »Erste Schwangerschaft. Die Verzierungen sind nur Dekoration. Wenn sie verheiratet ist, wird sie den *isicholo* [den ausladenden Hut der Msinga-Frauen] tragen, wenn sie nicht mehr mag, dann wird sie sich für die *amashuqu*-Haartracht (siehe Abb. 108) entscheiden.« Das hat nichts mit der Schwangerschaft oder dem Feuerholzsammeln zu tun (vgl. Abb. 43). Nur verheiratete Frauen tragen die *isigcayi*. »Sie kann schon vor der Schwangerschaft getragen werden, doch falls eine Frau nach einer Weile dann nicht schwanger ist, legt sie sie wieder ab.« Vgl. dazu auch Abb. 117: »Auch ein unverheiratetes Mädchen kann die *isigcayi* tragen, um ihre Brüste zu bedecken, wenn sie die Familie ihres Zukünftigen besucht.« (Interview mit Hluphekile Zuma am 3.10.1989)

111 Doll by Hluphekile Zuma "*Sangoma* wearing skirt of cloth with leopard-skin design [*ihwatha*]", height 52 cm. Acquired June 1989. | Cloth, wire, cane/wood, goat skin, old beadwork, beads, twine or nylon thread. | "The skirt represents a leopard skin, it is sometimes also used as headdress. Some sangomas wear leopard skins over their shoulders for fortune telling. Can also be worn by an *ithwasa*, i.e. apprentice sangoma; no special power is attributed to the leopard skin. This sangoma is training fig. 134. A woman *sangoma* can train a man." (Interview Hluphekile Zuma 3.10.89) | When Hluphekile received her call to become *sangoma* after her husband's death, she felt she couldn't afford to do so because of the expense of slaughtering the ritual cattle. She would rather sell her cattle to raise money to train her children. So she asked the ancestors to release her. There are many sangomas in her area.

Puppe von Hluphekile Zuma »Sangoma, der einen Stoffrock mit Leopardenmuster [*ihwatha*] trägt«, Höhe 52 cm. Erworben Juni 1989. | Stoff, Draht, Rohr/Holz, Ziegenfell, alte Perlenarbeit, Perlen, Garn oder Nylonfaden. | »Der Rock steht für ein Leopardenfell, wie es manchmal auch als Kopfputz getragen wird. Einige Sangomas legen sich beim Wahrsagen ein Leopardenfell über die Schultern. Es kann auch von einem *ithwasa*, einem Sangoma-Lehrling getragen werden. Dem Leopardenfell wird keine spezielle Macht zugeschrieben. Dieser Sangoma bildet die Puppe Abb. 134 aus. Ein weiblicher Sangoma kann auch einen Mann ausbilden.« (Interview mit Hluphekile Zuma am

109

112

113

3.10.1989) | Als Hluphekile Zuma nach dem Tod ihres Mannes von ihren Ahnen den Auftrag erhielt, Sangoma zu werden, konnte sie sich das ihrer Ansicht nach wegen der hohen Kosten für das in den zugehörigen Ritualen zu schlachtende Vieh nicht leisten. Sie zog es vor, ihr Vieh zu verkaufen und das Geld in die Ausbildung ihrer Kinder zu investieren. Also bat sie die Ahnen, sie aus der Verpflichtung zu entlassen. In ihrer Gegend gibt es viele Sangomas.

112, 113 Two different views | See also fig. 111
Zwei verschiedene Perspektiven | Siehe auch Puppe von Abb. 111
Photo: Action Photos, Pietermaritzburg.

114 Doll by Hluphekile Zuma "*Ithwasa*" [Apprentice Sangoma], height 39 cm. Acquired June 1989. | Cloth, twine, wire, beads, shells, plastic. | "Similar to fig. 36 (*sangoma/ithwasa*) in that she is fully trained but not yet a trainer herself. She is also married like fig. 116, Hluphekile Zuma had that in mind when she made them. They were already married when they became sangomas: but the ancestors of both families must agree before the husband and boyfriend visit them – i.e. sleeps with them. The ornaments and shells have no special significance, but sangomas like wearing seashells. The belt, colour scheme *isishunka* may be worn by any unmarried man or woman: but this married *sangoma* is wearing *isishunka* because sangomas can wear anything they like. Paper-chain of a type also made for adults; it is made out of sweet covers." (Interview Hluphekile Zuma, 3.10.89)

Puppe von Hluphekile Zuma »*Ithwasa*« [Sangoma-Lehrling], Höhe 39 cm. Erworben Juni 1989. | Stoff, Garn, Draht, Perlen, Muscheln, Kunststoff, Papierkette. | »Ähnlich wie bei Abb. 36 (*sangoma/ithwasa*) ist auch diese Frau eine voll ausgebildete Sangoma, aber selbst noch keine Ausbilderin. Wie Puppe Abb. 116 ist sie verheiratet. Als sie Sangomas wurden, waren beide bereits verheiratet: Dennoch müssen die Ahnen beider Familien zustimmen, bevor der Ehemann oder Freund zu Besuch kommen – d.h. mit ihnen schlafen darf. Die Verzierungen und die Muscheln haben keine spezielle Bedeutung, aber Sangomas tragen gerne Meeresmuscheln. Der Gürtel im *isishunka*-Farbschema kann von jedem Unverheirateten getragen werden, Mann oder Frau: Doch diese verheiratete Sangoma wählte das *Isishunka*-Muster, weil Sangomas sich ganz nach Belieben kleiden dürfen. Papierketten wie diese werden auch für Erwachsene gemacht, sie ist aus Bonbonpapierchen.« (Interview mit Hluphekile Zuma am 3.10.1989)

115 See also dolls fig. 116 and 114
Siehe auch Puppen von Abb. 116 und 114
Photo: Action Photos, Pietermaritzburg.

116 Doll by Hluphekile Zuma "Fully trained sangoma who is herself a trainer of others", height 32.8 cm. Acquired August 1989. | Cloth, wire, twine, beads, cane/wood.

Puppe von Hluphekile Zuma »Voll ausgebildete Sangoma, die ihrerseits andere ausbildet«, Höhe 32,8 cm. Erworben August 1989. | Stoff, Draht, Garn, Perlen, Rohr/Holz.

117 Doll by Hluphekile Zuma "Girl sitting down making beadwork at her future in-laws", height 24.3 cm. Acquired August 1989. | Cloth, gauze, wire, piece of old beadwork, beads, twine, cane/wood. | "Sitting down girls first made last year, i.e. 1988. [I think it was earlier this year.] Taken to Durban by uMzila. He wanted to buy such dolls for R10 each this month [!]. ... *Ganile ugogoye* [*ganisa*, cause to marry, give in marriage, and *goya*, to be shy, nervous, modest]. She is sitting at her in-laws. One can tell by her headdress and her young girl's *isigcayi*, unbeaded in this case, to conceal her breasts as a sign of respect to her in-laws and relatives. (*Makoti* diminutive: *makotshana* accompanying girl of an engaged girl). She is still an *intombazane* [unmarried girl, teenager] and when she gets back home she can go bare-breasted again. Her cloakalso signifies *hlonipa* [respect owed by a woman to her male relatives and in-laws]." (Interview Hluphekile Zuma, 3.10.89) | Although this girl is still an *intombazane* she is sitting in the posture of a married woman with legs stretched out straight in front of her.

Puppe von Hluphekile Zuma »Mädchen bei ihren zukünftigen Schwiegereltern am Boden sitzend und mit einer Perlenarbeit beschäftigt«, Höhe 24,3 cm. Erworben August 1989. | Stoff, Gaze, Draht, Teile einer alten Perlenarbeit, Perlen, Garn, Rohr/Holz. | »Sitzende Mädchen-Puppen habe ich 1988 zum ersten Mal gemacht. (Ich glaube, es war dieses Jahr.) uMzila hat sie mit nach Durban genommen. Diesen Monat wollte er solche Puppen für 10 Rand das Stück kaufen[!]. ... *Ganile ugogoye* [*ganisa*, Heiratsgrund, Heiratsbewilligung, und *goya*, scheu sein, nervös, bescheiden]. Sie sitzt bei ihren Schwiegereltern. Man kann das an ihrer Haartracht erkennen und an ihrer Jungmädchen-*isigcayi*.

115

118

(*Makoti*, Diminutiv: *makotshana*, Mädchen, das ein anderes, verlobtes Mädchen begleitet.) Sie ist immer noch *intombazane* [ein lediges Mädchen, ein Teenager] und kann zu Hause wieder »oben ohne« gehen. Ihr Schultertuch bezeugt also *hlonipa* [den Respekt eines Mädchens ihren männlichen Verwandten und Schwiegereltern gegenüber].« (Interview mit Hluphekile Zuma am 3.10.1989) | Obwohl das Mädchen noch *intombazane* ist, nimmt es bereits die Sitzhaltung der verheirateten Frau mit nach vorne ausgestreckten Beinen ein.

118 This image demonstrates the two ways of sitting for women: legs stretched out in front for established wife (left), legs to one side and supported by arm for a young woman not yet married so that she can get up quickly when called to fetch something | See also fig. 117, 119

Dieses Bild zeigt die beiden Sitzhaltungen von Frauen: »Etablierte« Frauen sitzen mit nach vorne ausgestreckten Beinen (links), während eine junge Frau die Beine an einer Seite anwinkelt und sich mit der gegenüberliegenden Hand aufstützt, um schnell aufstehen zu können, falls sie zu einer Erledigung geschickt wird. | Siehe auch Puppen Abb. 117, 119
Photo: Action Photos, Pietermaritzburg.

119 Doll by Hluphekile Zuma "*Itshitshi* sitting at home", height 21.5 cm. Acquired September 1989. | Cloth, wire, twine, old beadwork, beads, round brass studs. | "*Itshitshi* sitting at home. She is wearing her ibhayi, towels are expensive so you only wear them when you go out, otherwise like this: a special design and colour cloth. She is also wearing an *ixhama*." (Interview Hluphekile Zuma) | The posture, legs to one side, is characteristic for an *itshitshi* ["teenager, unmarried girl"]. It is so that she can get up quickly when asked to do something for her elders.

Puppe von Hluphekile Zuma »*Itshitshi* zu Hause sitzend«, Höhe 21,5 cm. Erworben September 1989. | Stoff, Draht, Garn, alte Perlenarbeit,

Perlen, runde Messingzierknöpfe. | »*Itshitshi* zu Hause sitzend.« Sie trägt ihren ibayi, Handtücher sind teuer, also trägt man sie nur, wenn man ausgeht, sonst eben ein Stück Stoff mit besonderem Muster und schönen Farben. Sie trägt auch einen *ixhama*.« (Hluphekile Zuma) | Die Sitzposition mit den zur Seite angewinkelten Beinen ist charakteristisch für eine *itshitshi* [einen »Teenager, ein lediges Mädchen«]. Sie sitzt so, damit sie jederzeit schnell aufstehen kann, wenn sie aufgefordert wird, etwas für die älteren Familienmitglieder zu besorgen.

120 See also fig. 119
Siehe auch Puppe Abb. 119
Photo: Action Photos, Pietermaritzburg.

121, 122 Doll by Hluphekile Zuma "An old man", height 30.5 cm. Acquired from the African Art Centre, Pietermaritzburg, September 1989. | Cloth, wire, twine, beads, squirrel fur, artificial fur. | "An old man. He is sitting on his *isigqiki* [stool made from a tree stump] waiting. You only sit on an *isigqiki* in your own house. An *isigqiki* is only for the headman of the kraal: others sit on the floor. His *ibheshu* [skin buttock-covering] is made out of squirrel fur. It must be long because he is an old man sitting down, to cover his private parts. *Isinene* is the entire front apron (including the blue parts) of the *umutscha* [loin covering of skin]. Formerly a small pocket for the penis used to be made out of grass, *iqoyi* [also *umcwado*], and this was considered sufficient as dress. Later it used to be made of any kind of skin rubbed soft and sewn; the size was taken by measuring the big toe. There was until recently a man in the district that made them, but he has died." (Interview Hluphekile Zuma, 3.10.89)

Puppe von Hluphekile Zuma »Alter Mann«, Höhe 30,5 cm. Erworben vom African Art Centre, Pietermaritzburg, September 1989. | Stoff, Draht, Schnur, Perlen, Eichhörnchenfell, künstliches Fell. | »Ein alter Mann. Er sitzt wartend auf seinem *isigqiki* [Hocker aus einem Baumstumpf]. Auf einem *isigqiki* sitzt man nur bei sich daheim. Ein *isigqiki* ist dem Häuptling des Kraals vorbehalten, die anderen sitzen auf dem Boden. Sein *isinene* [Vorderschürze] ist aus Eichhörnchenpelz. Um seinen Intimbereich zu bedecken, muss sie lang sein, denn er ist ein alter Mann. Die gesamte Vorderschürze, die blauen Teile der *umutsha* eingeschlossen [Lendenschurz aus

120

Tierfell] heißt *isinene*. Früher war eine kleine, aus Gras gefertigte Tasche eine ausreichende Bekleidung für den Penis, *iqoyi* [auch *umncwado*]. Später bestand sie dann meist aus Tierhaut; die Größe wurde am großen Zeh gemessen. Bis vor kurzem gab es hier in diesem Distrikt einen Mann, der sie anfertigte, aber er ist inzwischen gestorben.« (Interview mit Hluphekile Zuma am 3.10.1989)

For images of *ibheshu*, *isinene* and *umncwado* see page 161–163.
Bilder von *ibheshu*, *isinene* und *umncwado* finden Sie auf Seite 161–163.

123, 124 See also doll fig. 121
Siehe auch Puppe Abb. 121
Photo: Action Photos, Pietermaritzburg.

125 Doll "Engaged girl", height 39.8 cm. | Cloth, beads, wire, brass studs, twine, hair (?).
Puppe »Verlobtes Mädchen«, Höhe 39,8 cm. | Stoff, Perlen, Draht, Messingzierknöpfe, Haare (?)

126 Doll "Young man of courting age", height 56.4 cm. | He is wearing an *isinene* and *ibheshu* of goat skin and a modern style choker [*ipasi*].

Puppe »Junger Mann im heiratsfähigen Alter«, Höhe 56,4 cm. | Er trägt eine *umutsha* mit *isinene* und *ibheshu* aus Ziegenfell, dazu ein Halsband [*ipasi*], im modernen Stil.

127 Doll "Young man of courting age", height 32.4 cm.

Puppe »Junger Mann im heiratsfähigen Alter«, Höhe 32,4 cm.

128, 129 Doll by Japha Buthelezi or her daughter Gcwalisile who was about 16 years old at the time. Heights 33.5 cm and 38.3 cm. Acquired September 1989. | Cloth, wire, string, cane/wood, goat skin, fragments of old beadwork (*amapasi*). | Young men of courting age. They are wearing the *ibheshu*, leather buttock covering, and *isinene*, "frontal part of a man's loin covering composed of tassels of soft, twisted leather" (Doke & Vilakazi) given to them by their fathers on reaching puberty.

Puppe von Japha Buthelezi oder ihrer Tochter Gcwalisile, damals etwa 16 Jahre alt. Höhe 33,5 cm und 38,3 cm. Erworben September 1989. | Stoff, Draht, Rohr/Holz, Ziegenfell, Fragmente alter Perlenarbeit [*amapasi*]. | Junge Männer im heiratsfähigen Alter. Sie tragen *ibheshu*, die Rückenschürze zur Bedeckung der Pobacken und *isinene*, »den Vorderteil eines Lendenschurzes für Männer, das aus fransig geschnittenen, geschmeidig gemachten Tierfellstreifen besteht« (Doke & Vilakazi). Die Jungen bekommen ihre *umutsha* beim Eintritt in die Pubertät von ihren Vätern.

130 Doll by Hluphekile Zuma "Fully grown girl", height 93 cm. Acquired September 1989. | Cloth, wire, string, cane/wood, fragment of old beadwork, beads, horn. | "*Iqhikiza*" (Doke & Vilakazi: "Full-grown girl, girl with fully developed breasts", [also senior unmarried girl in the homestead]). She has got a boyfriend. Her boyfriend puts up a white doek on a long pole in his home to show that a boy in that kraal has a girlfriend. When the girl has just said "yes" a red doek is hoisted at the boy's family. Then the boy with his friends goes to the girl's home. When the girl says "yes" other girls take an *ucu* [long necklace of large] beads with tooth paste, tooth brushes, mirror, towels etc. and go to the boy's place and put it round him, or if he is not at home round his brother then the red doek is hoisted. Sometimes, days/weeks/months later, the boys go to the girl's home to get an *ipasi* [a choker, which presumably she has made for her boyfriend]. When they get home there is a ceremony the whole night (but with no girls present) after which the red doek is taken down and the white one goes up. Her hairstyle indicates *hlonipa* and her *ibhayi* worn under the cloak and *igcayi*. She has to kneel when a relative of her in-laws passes her or when she speaks to them in the face. After that there is a big ceremony on the girl's part, *ukuqoma*, [Doke & Vilakazi: "*qoma*: choose a lover (as does a girl)"], with gifts for the whole family. But the girl can withdraw at any stage." (Interview Hluphekile Zuma, 3.10.89)

Puppe von Hluphekile Zuma »Voll ausgewachsenes Mädchen«, Höhe 93 cm. Erworben September 1989. | Stoff, Draht, Bindfaden, Rohr, Fragmente alter Perlenarbeit, Perlen, Horn. | »*Iqhikiza*« (Doke & Vilakazi): »Ausgewachsenes, geschlechtsreifes Mädchen mit voll entwickelten Brüsten« [auch: älteres unverheiratetes Mädchen in seiner Heimstatt]. Sie hat einen Freund. Ihr Freund hängt bei sich zu Hause ein weißes Tuch an einer langen Stange heraus, um zu zeigen, dass ein Junge in diesem Kraal eine Freundin hat. Hat das Mädchen regulär »Ja« gesagt, wird ein rotes Tuch aufgezogen. Dann geht der Junge mit seinen Freunden zum Elternhaus des Mädchens. Wenn das Mädchen »Ja« sagt, nehmen die anderen Mädchen eine *ucu* [lange Halskette mit großen Perlen] mit Zahnpasta, Zahnbürsten, Spiegel, Handtüchern etc. Sie gehen damit zum Elternhaus des Jungen und hängen sie ihm um. Sollte er nicht daheim sein, bekommt sein Bruder sie und dann wird das rote Tuch gehisst. Später, Tage/Wochen/Monate danach, gehen die Jungen zum Haus des Mädchens, um ein *ipasi* zu bekommen [ein Halsband, das sie vermutlich inzwischen für ihren Freund angefertigt hat]. Nach ihrer Rückkehr findet eine große, die ganze Nacht andauernde Zeremonie statt (allerdings ohne Mädchen), und danach wird das rote Tuch wieder eingeholt und das weiße dafür aufgezogen. Die Haartracht des Mädchens wie auch ihr *ibayi* und *igcayi* unter dem Umhang bezeugen *hlonipa*. Sie muss niederknien, wenn ein Verwandter ihrer Schwiegereltern an ihr vorbeigeht oder sie jemanden von ihnen direkt anspricht. Danach wird bei dem Mädchen eine große Zeremonie abgehalten, *ukuqoma*, [Doke & Vilakazi: »*qoma*: einen Liebhaber erwählen (wenn ein Mädchen das macht)«] mit Geschenken für die ganze Familie. Doch kann sich das Mädchen in jedem Stadium zurückziehen.« (Interview mit Hluphekile Zuma am 3.10.1989)

131 Doll by Hluphekile Zuma "Quite an old man", height 41.5 cm. Acquired September 1989. | Cloth, wire, cane/wood, genet fur, goat skin, ribbons, old beadwork, beads, twine, plastic. | "Isoni leso": he has a girlfriend who is being influenced to part with him, who makes the *ithemba* for him with the text "It is a sin", i.e. someone is influencing her to reject him. Just a bag for cigarettes or something on his back. Head ring *isicoco*. He is quite an old man, shown by the fact that he is beginning to stoop. Perhaps the others are telling the girl he is too old for her. But she just loves him. The fur is genet: *insimba* [brown piece], the rest goat skin. Genet is worn as an ornament. The stick is *umshiza*: "man's stick" [*umshiza*: knobless fighting stick]". (Interview Hluphekile Zuma, 3.10.89) | *Ithemba* is the term for the type of beaded panel with a text that he is wearing. It signifies "Hope, trust".

Puppe von Hluphekile Zuma »Ein ziemlich alter Mann«, Höhe 41,5 cm. Erworben September 1989. | Stoff, Draht, Rohr/Holz, Ginsterkatzen-Fell, Ziegenfell, Bänder, alte Perlenarbeit, Perlen, Garn, Kunststoff. | »›Isoni leso‹: Er hat eine Freundin, die beeinflusst wird, sich von ihm zu trennen, die ein *ithemba* mit dem Text ›Es ist Sünde‹ für ihn macht; d.h. jemand beeinflusst sie, ihn wegzuschicken. Auf dem Rücken hat er eine Tasche für Zigaretten o.Ä. Er trägt einen *isicoco*, einen Kopfring. Er ist schon ziemlich alt, was man daran sieht, dass sich sein Rücken zu krümmen beginnt. Vielleicht erzählen die anderen dem Mädchen, er sei zu alt für sie. Aber sie liebt ihn. Das Fell ist Ginsterkatze: *insimba* [braunes Stück], der Rest Ziegenfell. Der Stock ist ein *umshiza*: ›der Stock eines Mannes‹ [*umshiza*: Kampfstock ohne Knauf].« (Interview mit Hluphekile Zuma am 3.10.1989) | *Ithemba* ist die Bezeichnung für ein Perlenband mit eingestickter »Botschaft«, wie er es trägt. Das Wort *ithemba* bedeutet: »Hoffnung, Vertrauen.«

123

124

132

133

132, 133 Two further views of fig. 131

Zwei weitere Ansichten der Puppe Abb. 131

Photos: Action Photos, Pietermaritzburg.

134 Doll by Hluphekile Zuma "Old man from Msinga", height 49.5 cm. Acquired September 1989. | Cloth, string, cane/wood, old beadwork, beads, twine, chicken feathers, goat skin, plastic. | "Old man from Msinga: you can tell by the type of *ibheshu* and *ishaka* [type of beaded ornament on his belt at the back], which is an old one cut down. Goat skin. The *ibheshu* must be cured so as not to smell: you use a little oil, then put it in water a couple of minutes, then rub it, then lay it on the ground to dry but not completely, then take it in and rub till dry. Chicken feathers." (Interview Hluphekile Zuma, 3.10.89)

Puppe von Hluphekile Zuma »*Alter* Mann aus dem Msinga-Gebiet«, Höhe 49,5 cm. Erworben September 1989. | Stoff, Bindfaden, Rohr/Holz, alte Perlenarbeit, Perlen, Garn, Hühnerfedern, Ziegenfell, Kunststoff. | »Alter Mann aus dem Msinga-Gebiet: Das erkennt man am Typ seines *ishaka* [aus Perlen gesticktes Ornament auf dem Gürtel am Rücken der Puppe], der alt ist und sein *ibheshu*, der aus einem in Streifen geschnittenen Fellstück besteht; Ziegenfell. Damit der *ibheshu* nicht riecht, muss man das Ziegenfell behandeln: Man nimmt ein bisschen Öl, dann legt man es für ein paar Minuten in Wasser, dann rubbelt man es, dann legt man es auf den Boden und lässt es trocknen, aber nicht völlig, dann reibt man es trocken; Hühnerfedern.« (Interview mit Hluphekile Zuma am 3.10.1989)

135 Doll by Hluphekile Zuma "*Ithwasa*", height 41.4 cm. Acquired September 1989. | Cloth, twine, string, cane/wood, beads, fur, goat skin, paper, metal chain. | "This *ithwasa* is not fully trained. He is being trained by fig. 116. His headdress is made from the skin of a hare [*unogwaja*] this is just a headdress when available, but it is preferred by sangomas. The other beads are just ornaments. But the fur of the goat is from the goat slaughtered while he is still training, as opposed to the home-coming goat. [*Umnqwamba*: anything worn draped over the shoulders, e.g. witch-doctor's leather cloak, string of charms worn as a bandolier. Doke & Vilakazi]. He is carrying an *ishoba* [switch] because at the dance ceremony he is allowed to use his trainer's *ishoba*.")

Puppe von Hluphekile Zuma »*Ithwasa*«, Höhe 41,4 cm. Erworben September 1989. | Stoff, Garn, Bindfaden, Rohr/Holz, Perlen, Fell, Ziegenfell, Papier, Metallkette. | »Dieser *ithwasa* ist noch nicht voll ausgebildet. Er geht bei der Puppe Abb. 116 in die Lehre. Sein Kopfputz besteht aus Hasenfell [*unogwaja*]. Die anderen Perlen sind nur Verzierung. Das Ziegenfell stammt von der Ziege, die geschlachtet wurde, während er noch in der Ausbildung war, im Gegensatz zu der Ziege, die bei seiner Heimkehr geschlachtet werden muss. [*Umnqwamba*: alles, was man über die Schulter drapiert trägt, z.B. der Lederumhang des Medizinmannes, die Zauberschnur, die als Schultergürtel getragen wird. Doke & Vilakazi] Er trägt eine *ishoba* [Rute], denn bei der Tanzzeremonie darf er die *ishoba* seiner Lehrmeisterin [bzw. seines Lehrmeisters] benutzen.« (Interview Hluphekile Zuma am 3.10.1989)

136 Doll by Hluphekile Zuma "Pregnant young woman", height 56 cm. Acquired 20 December 1989. | Cloth, wire, cane/wood, twine, woollen thread, beads, pieces of old beadwork, cardboard, plastic. | "Pregnant young woman [*umakoti*]. She is wearing an *isidwaba* under her *ibhayi*, also the *isidiya* [beaded pregnancy apron: see page 165], but her hat has still a hole in the middle, i.e. it is an *inkehli* [an unmarried woman's hat] rather than an *isicholo*. "She is pregnant with her first child."

Puppe von Hluphekile Zuma »Schwangere junge Frau«, Höhe 56 cm. Erworben 20.12.1989. | Stoff, Draht, Rohr/Holz, Garn, Wolle, Perlen, Fragmente alter Perlenarbeit, Pappkarton, Kunststoff. | Schwangere junge Frau [*umakoti*]. Sie trägt einen *isidwaba* unter ihrem *ibayi*, darüber die *isidiya* [perlenverzierte Umstandsschürze, auch *isicwayo* genannt (siehe Seite 165)], aber ihr Hut hat immer noch ein Loch in der Mitte, das heißt, es ist ein *inkhehli* [der Hut der unverheirateten Frau] statt eines *isicholo*. Sie ist mit ihrem ersten Kind schwanger.

137 Doll by Hluphekile Zuma "*Inkosikazi*, senior wife", height 52 cm. Acquired 20 December 1989. | Cloth, wire, twine, cane/wood, cardboard, beadwork, woollen thread, cloth core beaded small doll, bone. | She is the senior wife, *inkosikazi*, with her first child. She is wearing a medicinal necklace with a bone, vertebra of a python, and a long *umgaxo* [bandolier]. "Hluphekile says she had in mind that it was her first child: a girl. The necklace is to fight evil spirits: *indiki* ("little finger with the last joint cut off"). Sangomas sometimes have *indiki*. This spirit is fond of meat: so it eats this bone and so can not get at the mother. Hluphekile is wearing the same thing. *Indiki* comes from the ancestors to make one a sangoma." Long bandolier: *dansa uthando*.

Puppe von Hluphekile Zuma »*Inkosikazi*, Hauptfrau«, Höhe 52 cm. Erworben 20.12.1989. | Stoff, Draht, Garn, Rohr/Holz, Pappkarton, Perlenarbeit, Wolle, kleine perlenumwickelte Puppe mit Stoffkern, Knochen. | Sie ist die erste Frau ihres Mannes, *inkosikazi*, mit ihrem ersten Kind. Sie trägt eine Heilerhalskette mit einem Medizinknochen und einem langen *umgaxo* [Schultergürtel *dansa uthando*]. »Meiner Erinnerung nach war es das erste Kind der Frau: ein Mädchen. Die Halskette dient der Abwehr böser Geister: *indiki* [»Kleiner Finger mit abgeschnittenem letztem Glied«]. Sangomas haben manchmal *indiki*. Dieser Geist liebt Fleisch: Also isst er den Knochen und kommt nicht an die Mutter heran. *Indiki* kommt von den Ahnen, um einen zum Sangoma zu machen.« Lange Bandelier: dansa *uthando*.

138 Showing the medicinal python's vertebra [*indiki*], worn on the necklace (Detail of 137).

Es zeigt den »Medizinknochen« [*indiki*], der an der Halskette getragen wird (Detail von Abb. 137).

139 Doll by Japha Mhlongo "*Inkosikazi*", height 54.5.cm. Acquired 20 January 1989. | Cloth, wire, cane/wood, woollen thread, beads. | She has a cloth over her *isidwaba* called: *ukuvonqa* [to cover kaross with cloth and again have cloth over it]. This is just a new fashion. [In fact the doll is without a proper *isidwaba*, and anyway is poorly made, particularly for Japha who is a perfectionist.]

Puppe von Japha Mhlongo: »*Inkosikazi*«, Höhe 54,5 cm. Erworben 20.1.1989. | Stoff, Draht, Rohr/Holz, Wolle, Perlen. | Sie trägt ein Tuch über ihrem *isidwaba*, einen *ukuvonqa* [um den Rock mit einem Tuch zu bedecken]. [Tatsächlich besitzt die Puppe keinen richtigen *isidwaba* und ist spärlich ausgestattet – vor allem für eine Perfektionistin wie Japha.]

140 Doll by Gladys Zuma "Teenage girl wearing *udidla*", height 43.5 cm. Acquired 20 December 1989. | Cloth, wire, twine, cane/wood, hair, glass beads, plastic beads, thread. | *Itshitshi* wearing *udidla* [Short skirt of plaited twine. The twine was obtained from the Bata shoe factory at Keate's Drift which at that time outsourced its sewing work to the local women.] with strings of beads round her waist, (*izicu*, from singular: *ucu*). When worn over the shoulder it is called: *ujiza*. ... The headdress is called: *isiqweba* – a girl's head cloth, sometimes a hand towel.

Puppe von Gladys Zuma »Weiblicher Teenager mit *udidla*«, Höhe 43,5 cm. Erworben 20.12.1989. | Stoff, Draht, Garn, Rohr/Holz, Echthaar, Glas- und Plastikperlen, Schnur. | *Itshitshi* mit *udidla* [kurzer Rock aus eingedrehtem Garn. Das Garn stammt aus der örtlichen Bata-Schuhfabrik in Keate's Drift, die damals Näharbeiten an die Frauen in der Region vergab.] und Perlschnüren um ihre Taille [*izicu*, von Singular *ucu*]. Über der Schulter getragen heißt es *ujiza*. ... Der Kopfputz nennt sich *isiqweba* – eine Art »Turban« für Mädchen.

141 Gladys Zuma in KwaLatha, 1988. She was murdered in 2002.

Gladys Zuma in KwaLatha, 1988. Sie wurde 2002 ermordet.
Photo: Frank Jolles.

142 Doll by Hluphekile Zuma "Unfinished doll" (showing construction), height 52.5 cm. Acquired 3 February 1990. | The main structural principle still seems to be the idea of a central core as in the original courtship dolls. | Cloth, wire, cane/wood, thread.

Puppe von Hluphekile Zuma »Unfertige Puppe« (die ihr Fertigungsprinzip zeigt), Höhe 52,5 cm. Erworben 3.2.1990. | Die Konstruktion, ihr »Innenleben«, besteht nach wie vor aus einem Stoffkern – wie bei den originalen Brautwerbungspuppen. | Stoff, Draht, Rohr/Holz, Schnur.

143 Doll by Hluphekile Zuma "Tall married woman wearing *isicholo*", height 58 cm. Acquired 3 February 1990. | Cloth, wire, twine, cane, cardboard, old beadwork, beads. | She is an *umakoti* [young wife], wearing an apron over her *isidwaba* with beads in the Weenen style. The *isicholo* is old style (no longer worn). She is wearing an *ubende* at front ["tie", it can also be worn at the back].

141

Puppe von Hluphekile Zuma »Große verheiratete Frau mit *isicholo*«, Höhe 58 cm. Erworben 3.2.1990. | Stoff, Draht, Garn, Rohr, Pappkarton, alte Perlenarbeit, Perlen. | Sie ist eine *umakoti* [junge Ehefrau], über ihrem *isidwaba* trägt sie eine Schürze mit Glasperlen im Weenen-Stil. Ihr *isicholo* ist altmodisch (die Frauen tragen diese Art nicht mehr). Vorne trägt sie ein *ubende* [»Schlips«, kann man auch hinten tragen].

144 Doll by Hluphekile Zuma "Married woman", height 43 cm. Acquired 3 February 1990. | Cloth, wire, beads, cardboard. | Married woman with small two-peaked headdress and dark green cloak. | For an illustration showing the construction of the *amashuqu* see page 169.

Puppe von Hluphekile Zuma »Verheiratete Frau«, Höhe 43 cm. Erworben 3.2.1990. | Stoff, Draht, Perlen, Pappkarton. | Verheiratete Frau mit kleinem *amashuqu*-[»Gabel-Hörner«]Kopfputz und dunkelgrünem Umhang. | Abbildungen und genauere Beschreibungen der »Konstruktion« des *amashuqu*-Kopfputzes siehe Seite 169.

145 Doll by Hluphekile Zuma "Married woman", height 37 cm. Acquired 3 February 1990. | Cloth, wire, old beadwork, cardboard. | She is an *umakoti* [young wife] with a 'bun' headdress and a red/black cloak. She is wearing an *umankofana* [tight cloth >*nko* "of tying tightly, binding"] just to cover her hair. She has a choker, *ipasi*, with hanging extensions. Her *isidwaba* is covered, *ithama*.

Puppe von Hluphekile Zuma »Verheiratete Frau«, Höhe 37 cm. Erworben 3.2.1900. | Stoff, Draht, alte Perlenarbeit, Pappkarton. | Sie ist eine *umakoti* [junge Ehefrau], mit einer Knotenfrisur und rot-schwarz gemustertem Umhang. Sie trägt ein *umankofana*, [ein Tuch >*nko* »eng geknotet, straff gebunden«], um ihr Haar zu bedecken. Ihren Hals ziert eine *ipasi*, ein Halsband mit lang herabhängenden Enden. Ihren *isidwaba* bedeckt ein *ithama*.

146 Doll by Hluphekile Zuma "*Isangoma*", height 50.4 cm. Acquired 3 February 1990. | Cloth, wire, old beadwork, beads, hair, goat skin. | She is wearing the special red *isangoma* skirt. Round her waist she has an *uhezelo*. The loop on her head is an *ufezela* [girl's spiral headdress, "scorpion" from the curved scorpion's tail], it is in *uvalivali* colours [here: red – black – red signifying marriage]. Round her knees: just ornaments.

Puppe von Hluphekile Zuma »*Isangoma*«, Höhe 50,4 cm. Erworben 3.2.1990. | Stoff, Draht, alte Perlenarbeit, Perlen, Echthaar, Ziegenfell. | Sie trägt den besonderen roten Rock der *isangoma*. Um ihre Taille hat sie einen *uhezelo* geschlungen. Der Zierrat oberhalb ihrer Stirn ist eine *ufezela* [der schneckenförmig aufgerollte Haarschmuck junger Mädchen, benannt nach dem spiralförmig gerollten Schwanz des *ufezela*, des Skorpions]. Er ist in den *uvalivali*-Farben gehalten [hier: Rot, Schwarz, Rot für die verheiratete Frau].

147 Doll by Hluphekile Zuma "*Umakoti* with black *isicholo*", height 46 cm. Acquired 3 February 1990. | Cloth, wire, woollen thread, old beadwork, beads, twine. | Young wife [*umakoti*]. The head cloth below the *isicholo* is called: *umgeqe*.

Puppe von Hluphekile Zuma »*Umakoti* mit schwarzem *isicholo*«, Höhe 46 cm. Erworben 3.2.1990. | Stoff, Draht, Wolle, alte Perlenarbeit, Perlen, Garn. | Junge Ehefrau [*umakoti*]. Das oberhalb der Stirn unter dem *isischolo* eng geschlungene Tuch nennt man *umgeqe*.

148 Doll by Hluphekile Zuma "*Inyanga*", height 34.8 cm. Acquired 3 February 1990. | Cloth, wire, old beadwork, beads, round brass furniture studs, hair, goat skin. | An *inyanga* is a doctor, herbalist. "He has an injection bag with *umtshopo* [>*tshopoza*, "of squirting out saliva to a distance" – a medicine for spitting], *muthi* [medicine] and injection equipment [medicine horn and porcupine quills, *inungu*]. (Compare fig. 106)

Puppe von Hluphekile Zuma »*Inyanga*«, Höhe 34,8 cm. Erworben 3.2.1990. | Stoff, Draht, alte Perlenarbeit, Perlen, runde Messing-Ziernägel, Echthaar, Ziegenfell. | Ein *inyanga* ist der Stammesarzt, Natur- und Kräuterheilkundiger. Er trägt eine Injektionstasche mit *umtshopo*, [>*tshopoza*, – eine Medizin zum Ausspucken [d.h. man spuckt sie aus, um eine Schutz- oder Heilwirkung zu erzielen], *muthi* [Medizin] und die Ausstattung für Injektionen [Medizinhorn und Stachelschweinstacheln, *inungu*]. (Vgl. Abb. 106)

149 Doll by Japha Mhlongo "*Umakoti* with large red *isicholo*", height 68 cm. Acquired 3 February 1990. | Cloth, wire, old beadwork, beads, twine, hair (?). | She is wearing a cloak and a skirt [*ibhayi*] in the Muden fashion. She is attending at a wedding or an *umemulo* [coming of age] ceremony.

Puppe von Japha Mhlongo »*Umakoti* mit großem rotem *isicholo*«, Höhe 68 cm. Erworben 3.2.1990. | Stoff, Draht, alte Perlenarbeit, Perlen, Garn, Echthaar (?). | Sie trägt einen Umhang und einen Rock [*ibayi*], in der für das Muden-Gebiet regionaltypischen Art. Sie ist Teilnehmerin an einer Hochzeits- oder einer *umemulo*-Zeremonie.

150 Doll by Japha Mhlongo "Doll with *ufezela*", height 32 cm. Acquired 29 April 1990. | Cloth, wire, beads, chrome studs. | She is not married but still an *itshitshi*. She is wearing an *ibhayi* which indicates she is engaged. In front of her *ufezela* [spiral headpiece] she has an *umtshikelo* ["something that hangs"]. (Compare fig. 145)

Puppe von Japha Mhlongo »Puppe mit *ufezela*«, Höhe 32 cm. Erworben 29.4.1990. | Stoff, Draht, Perlen, Chromzierknöpfe. | Sie ist unverheiratet, eine *itshitshi*. Doch ihr *ibayi* kennzeichnet sie als verlobt. Vorne an ihrem *ufezela* [dem schneckenförmig aufgerollten Haarschmuck], trägt sie ein *umtshikelo* [»etwas, das hängt«]. (Vgl. Abb. 145)

151 Doll by Hluphekile Zuma „An *inyanga*", height 45.5 cm. Acquired 28 October 1990. | Cloth, wire, beads, hair, python vertebrae, fur, stick, safety pins, duiker's feet. | *Inyanga*: doctor, herbalist. Wearing *ibheshu* and *umutsha* of genet fur. His bandolier (*isisoka*) has safety pins.

Puppe von Hluphekile Zuma »*Inyanga*«, Höhe 45,5 cm. Erworben 28.10.1990. | Stoff, Draht, Perlen, Echthaar, Pythonschlangenwirbel, Fell, Holzstäbchen, Sicherheitsnadeln, Horn von Antilopenhufen (»Duiker«). | *Inyanga*, der Stammesarzt, Natur- und Kräuterheilkundige. Er trägt *ibheshu* und *umutsha* aus Ginsterkatzen-Fell. An seinem Schultergürtel [*isisoka*] sind Sicherheitsnadeln befestigt.

152 Doll by Hluphekile Zuma "An *inyanga*", height 45.5 cm. Acquired 28 October 1990. | Cloth, beads, wire, old beadwork, hare's fur, twine. | The beaded torso suggests an earlier technique, namely that associated with the cloth-core beaded courtship dolls. He is wearing the traditional *ibheshu/umutsha*. His long bandolier [*isisoka*] includes python vertebrae and duiker feet, also safety pins. His belt consists of part of an old choker in the *isimodeni* style of the 1970s.

Puppe von Hluphekile Zuma »*Inyanga*«, Höhe 45,5 cm. Erworben 28.10.1990. | Stoff, Perlen, Draht, alte Perlenarbeit, Hasenfell, Garn, Pythonschlangenwirbel, Horn von Antilopenhufen. | Der mit Perlensträngen umwickelte Körper verweist auf eine frühere Fertigungstechnik, auf die der originalen Brautwerbungspuppen mit Perlen um einen Stoffkern. Er trägt die traditionelle *umutsha* mit *ibheshu* aus Hasenfell. Sein langer Schultergürtel [*isisoka*] besteht aus Perlen sowie Pythonwirbeln und Horn von Antilopenhufen, dazu noch Sicherheitsnadeln. Für seinen Leibgürtel wurde ein Teil eines alten Halsbands im *isimodeni*-Stil der 1970er Jahre verwendet.

SOME EXAMPLES OF MEN'S AND WOMEN'S ITEMS OF CLOTHING

1. *Ibheshu* [plural: *amabheshu*]: "skin buttock covering" (Doke & Vilakazi, 1990). An *umutsha* consisting of a buttock covering, ibheshu, and a front covering, *isinene*, used to be given to a young man on attaining puberty ("his first emission") by his father. The *umutsha* could be decorated with beads for special occasions. Like most garments, they could also communicate something about the status and circumstances of the wearer. The ones the dolls wear are undecorated for everyday use.

153 In Hluphekile Zuma's homestead in KwaLatha, Keate's Drift 1988. Foreground right: Kwazikunaye, Zuma's youngest child, who made the clay figures of cattle fig. 11.

Hluphekile Zumas Zuhause in KwaLatha, Keate's Drift. Rechts im Vordergrund steht Zumas Jüngster, Kwazikunaye, Schöpfer der Ton-Rinder von Abb. 12.
Photo: Frank Jolles, 1988.

DIE KLEIDUNG DER ZULU-MÄNNER UND -FRAUEN: EINE AUSWAHL

1. *Ibheshu* [Plural: *amabheshu*]: »Tierhaut zur Bedeckung der Pobacken«. (Doke & Vilakazi, 1990). Eine *umutsha* besteht aus einer Rückenschürze [*ibheshu*] und einer Vorderschürze [*isinene*]. Die jungen Männer erhielten sie beim Eintritt in die Pubertät (»erster Samenerguss«) von ihren Vätern. Die *umutsha* für »besondere Anlässe« war oftmals mit Perlen bestickt. Wie die meisten Kleidungsstücke konnten auch *ibheshu* und *isinene* näheren Aufschluss über Sozialstatus und Lebensumstände ihres Trägers geben. Die Schürzen der Puppen sind für den täglichen Gebrauch und deshalb ohne Dekor.

154, 155 Two *amabheshu* (plural of *ibheshu*) for ceremonial occasions from the Dube family of Ifaye, Upper uMvoti near Greytown.

Zwei *amabheshu* (Plural von *ibheshu*) für die Teilnahme an Zeremonien der Dube-Familie aus Ifaye, Upper uMvoti nahe Greytown.

154 This one is dated from the late 1930s, perhaps 1939. "It belonged to Mzwendaba, who cut it for himself. The beadwork is by his wife Mzenzisi." Length 64 cm.

Das Exemplar kann man wohl auf 1939 datieren. »Es gehörte Mzwendaba, der es für sich selbst schneiderte. Die Perlenarbeit stammt von seiner Frau Mzenzisi.« Länge 64 cm.

155 The other was made in the early 1930s. "It belonged to Mgangabhodwe who was 85 years old in 1990. Originally it had been his father's. When his father died he inherited it. It was made by one of his father's wives, Lahliwe MaShezi, who died in 1970." This is worn typically by an old man, an *inkehla*, staying at home. "The small side flaps [*khathele*] were added later. They show that he is tired. They were put on to boost his self esteem and to honour him." Length 59 cm. Acquired: 1 October 1990. | Both *amabeshu* are made out of the leather of disused bus seats. The *amabheshu* for courting young men have circular beaded pendants. | Collection and photos: Frank Jolles.

2. *Isinene* [plural: *izinene*]: "Frontal part of a man's loin covering, composed of tassels of soft, twisted leather." (Doke & Vilakazi, 1990)

156, 157 These two *izinene* are from the collection of the Natal Museum, Pietermaritzburg.

Diese beiden *izinene* befinden sich in der Sammlung des Natal-Museums in Pietermaritzburg.

156 The one stems from the *AmaBhaca* people whose tribal area lies some 50 km south of Pietermaritzburg. It is an *inKabi* and was worn by young men. It was purchased in 1909. (Catalogue No 1014)

Das Exemplar stammt vom AmaBhaca-Volk, dessen Gebiet sich etwa 50 Kilometer südlich von Pietermaritzburg erstreckt. Es handelt sich um einen inKabi, wie ihn junge Männer tragen. Er wurde 1909 angekauft. (Katalog Nr. 1014)

157 The one is from the collection of Elsie Erlandson. It was donated to the Museum in 1982. (Catalogue No. 4127) The fur could be "wild cat or genet". It is the type worn by the old man sitting on fig. 121 "with long tassels to cover his private parts". Men didn't wear anything under the *umutsha* except possibly a "prepuce cover", *umncwado*.

Dieses Exemplar entstammt der Sammlung von Elsie Erlandson; es gelangte 1982 als Schenkung an das Museum. Die Fellstücke könnten von »Wild- oder Ginsterkatzen« stammen. Diese *isinene* entspricht im Typus dem des sitzenden alten Mannes von Abb. 121 »mit langen Fellstreifen, um seinen Intimbereich zu bedecken«. Die Männer trugen nichts unter ihrer *umutsha*, möglicherweise eine *umncwado*, eine »Vorhautkapsel«. Die Zulustämme schafften die Beschneidung bei Jungen im späten 18. Jahrhundert ab, zur Zeit des Königs Dingiswane.
Photos: Frank Jolles.

3. *Umncwado* [plural: *imincwado*]: "Prepuce cover", also: *umncedo*. In the old times wearing an *umncwado* was regarded as sufficient dress for a man to show himself in public. (see fig. 158)

155 Die abgebildete *ibheshu* entstand zu Beginn der 1930er Jahre. »Sie gehörte Mgangabhodwe, der 1990 85 Jahre alt war. Ursprünglich war sie Eigentum seines Vaters, bei dessen Tod ging sie auf den Sohn über. Angefertigt wurde sie von einer der Frauen seines Vaters, Lahliwe MaShezi, die 1970 verstarb.« Diese *ibheshu* ist typisch für einen alten Mann, einen *inkhehla*, er trug sie zu Hause. »Die kleinen herunterhängenden Seitenstücke [*kathele*] wurden später hinzugefügt. Sie zeigen, dass der alte Mann müde ist. Sie wurden angesetzt, um seine Selbstachtung zu erhöhen und ihn zu ehren.« Länge 59 cm. Erworben 1.10.1990. | Beide *amabheshu* wurden aus dem Leder ausrangierter Bussitze hergestellt. Die *amabheshu* junger Männer im heiratsfähigen Alter, in der Brautwerbungsphase, tragen runde, perlenverzierte Anhänger. | Sammlung und Fotos: Frank Jolles.

2. *Isinene* [Plural: *izinene*]: »Vorderteil des männlichen Lendenschurzes, aus in Streifen geschnittenem, weichem Leder.« (Doke & Vilakazi, 1990) (siehe hierzu Abb. 156, 157)

3. *Umncwado* [Plural: *imincwado*]: »Vorhautkapsel«, auch *umncedo* genannt. In früheren Zeiten galt der Träger einer Vorhautkapsel mit dieser allein, als ausreichend bekleidet, um sich in der Öffentlichkeit zu zeigen.

158 Two *imincwado*. | On the right: Height 47 mm. Acquired: 29 July 1990. | Material: ilala palm (Hyphaene coriacea) | From Kuseni Dladla of KwaLatha, the widow of the late owner. She told that "it was worn by him since before he got married until recently". But "it was only worn when wearing *ibheshu* [and *isinene*], for special occasions, weddings, etc." This covered a period of about 40 years so it will have been made in the late 1940s. | The one on the left, height 51 mm, was acquired at about the same time, i.e. 1990. It is clearly of more recent origin. | In order to obtain a proper fit in a job calling for some precision the maker measures the big toe of the wearer. The last person making *imincwado* in the Keate's Drift area died in the early 1990s. | Collection and photo: Frank Jolles.

Zwei *imincwado*. | Rechts: Höhe 47 mm. Erworben 29.7.1990. | Material: Fasern der Ilala-Palme (Hyphaene coriacea). | Von Kuseni Dladla aus KwaLatha, der Witwe des verstorbenen Eigentümers. Wie sie berichtete, »trug er die Kapsel seit den Tagen vor seiner Hochzeit bis in die jüngere Zeit.« Aber »er trug sie nur dann, wenn er *ibheshu* [und *isinene*] anhatte – zu besonderen Anlässen, Hochzeiten u.Ä.« Diese Zeitspanne umfasst rund 40 Jahre, was auf ein Entstehungsdatum Ende der 1940er Jahre hinweist. | Links: Höhe 51 mm. Erworben 1990. | Um eine möglichst perfekte Passform zu erreichen, nahm der »Imincwado-Macher« an der großen Zehe des zukünftigen Trägers Maß. Der letzte Mann in der Region von Keate's Drift, der dieses Handwerk ausübte, verstarb in den frühen 1990er Jahren. Sammlung und Foto: Frank Jolles.

159

4. *Isicwayo* [plural: *izicwayo*]: pregnancy apron. Worn as a protection for the unborn child during first pregnancy. (see fig. 160)

159 Photo of a girl wearing an ibheshu and *isinene* as part of the first day's ceremonies of the coming of age ceremony, the *umemulo*. She is holding an umbrella that she has received as a gift. Her headband is made up of sweets and bank notes that she has been given. "On the third day she will change into the married woman's *isidwaba*. [This is the only occasion that she may wear the *isidwaba* before she marries.] Then the whole group goes to the shop to spend the money they have been given." (Conversation Innocent Mkhize)

Foto eines Mädchens mit *ibheshu* und *isinene*; das gehörte zum ersten Tag der *umemulo*-Zeremonie anlässlich des Eintritts in ihr Leben als erwachsene Frau. In ihren Händen präsentiert das Mädchen einen Schirm – ein Geschenk. Ihr Kopfputz besteht aus Bonbons und Geldscheinen, die sie ebenfalls zu ihrem *umemulo* bekam. »Am dritten Tag wird sie ihre Kleidungsstücke mit dem *isidwaba*, dem Rock der verheirateten Frau, tauschen (siehe unten). [Dies ist die einzige Gelegenheit, bei der sie vor ihrer Hochzeit einen *isidwaba* tragen darf.] Dann zieht die ganze Gruppe der Mädchen in den Dorfladen, um das als Geschenk erhaltene Geld auszugeben.« (Aus einem Gespräch mit Innocent Mkhize.)
Photo: Z.J.S. Ndimande & Son, Greytown, 21.8.1993.

4. *Isicwayo* [Plural: *izicwayo*]: Umstandsschürze. Wird während der ersten Schwangerschaft zum Schutz des ungeborenen Kindes getragen.

160 Natal Museum (Catalogue No. 5164). Purchased in 1988 from the owner Tholiwe Sithole from emlshidini, near Muden, Natal. It was worn by the maker's daughter-in-law for her first pregnancy. It is a duiker skin with hooves, in addition string, twine, metal studs and glass beads. The colours of the beads are those of the *isithemba*, which is a local clan, but the sequence is not maintained.

Natal Museum (Katalog Nr. 5164). Angekauft im Jahr 1988 von der Besitzerin Tholiwe Sithole aus emlshidini, bei Muden, Natal. Die Schwiegertochter der »Herstellerin« hat sie während ihrer ersten Schwangerschaft getragen. Die Schürze besteht aus dem Fell einer Antilope einschließlich der Vorderhufen dazu Befestigungsbänder; Ornamente aus Stickgarn, Metallziernägeln und Glasperlen. Die Farben der Perlen sind die des lokalen *Isithemba*-Clans, allerdings nicht in der vorgegebenen Abfolge.
Photo: Frank Jolles.

5. *Isidwaba* [plural: *izidwaba*]: married woman's blackened hide pleated skirt. It is the sign of a married woman. Japha Buthelezi told that she never took hers off. However, this example is also taken from the *umemulo* ceremony.

6. *Ibayi* [plural: *amabayi*]. Piece of cloth worn round the waist by young girls [*amatshitshi*]. (see fig. 162, 163)

161 Engaged girl wearing an *isidwaba* at her *umemulo* ceremony, third day. We know she is engaged because she has covered her breasts out of respect [*hlonipa*] for her future in-laws.

Verlobtes junges Mädchen am dritten Tag ihrer *umemulo*-Zeremonie im *isidwaba*. Ihr Stand als Verlobte ist daran zu erkennen, dass sie aus Respekt [*hlonipa*] vor ihren zukünftigen Schwiegerleuten die Brüste bedeckt hat.
Photo: Z.J.S. Ndimande & Son, Greytown, 18.1.1994.

5. *Isidwaba* [Plural: *izidwaba*]: Der typische, aus rußgeschwärzter, mit Fett geschmeidig gemachter Kuhhaut gefertigte »Faltenrock«, den die verheiratete Frau unter ihrer Kleidung trägt. Wie Japha Buthelezi berichtete, legte sie ihren niemals ab. Das Exemplar Abb. 161 wurde jedoch ausnahmsweise bei der *umemulo*-Zeremonie getragen.

6. *Ibayi* [Plural: *amabayi*]: Lange Stoffbahn, von jungen Mädchen [*amatshitshi*] um Taille und Hüfte geschlungen.

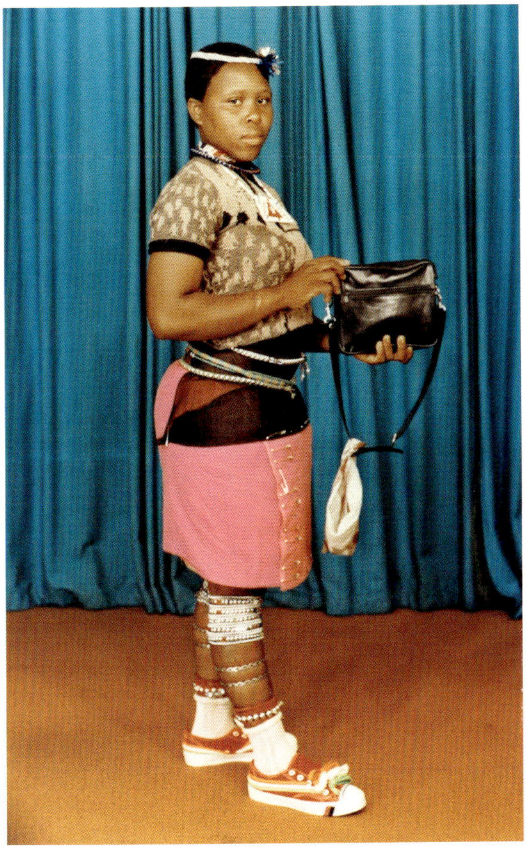

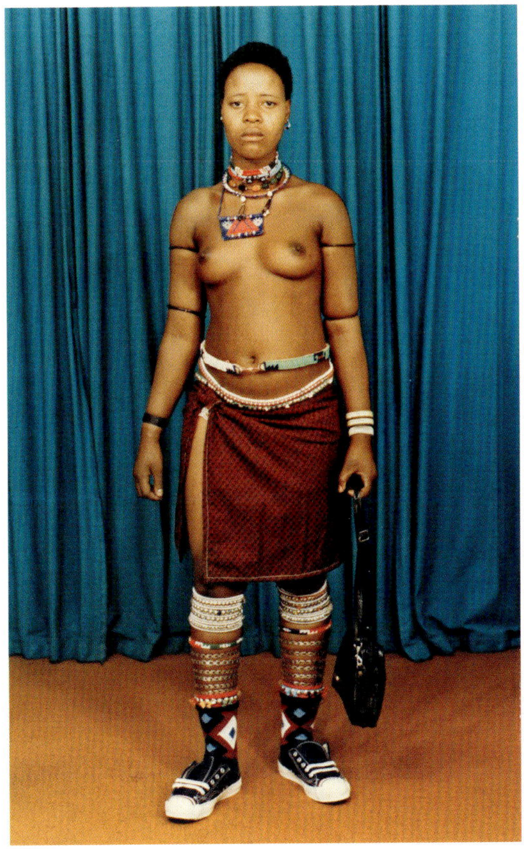

162, 163 The girl on the left is engaged, but not yet married. The one on the right is just an *itshitshi* still living at her father's place. | Photos: Z.J.S. Ndimande & Son, Greytown, left: (illegible) 1994, right: 17 May 1994.

Das Mädchen auf dem linken Bild ist verlobt, aber noch nicht verheiratet. Das Mädchen rechts ist noch eine *itshitshi* und lebt in ihrem Elternhaus. | Fotos: Z.J.S. Ndimande & Son, Greytown, Datumsstempel auf dem linken Foto (nur z.T. lesbar): 1994, rechtes Foto: 17 May 1994.

SOME NOTES ON WOMEN'S HEADGEAR

The most common form of head covering is the familiar, broad, ochre coloured Msinga hat, the *isicholo* [plural: *izicholo*]. They are widely traded in Europe and the USA for their decorative qualities. There are many examples of *isicholo* in the text including photographs of women wearing them. They are made by covering a cane frame with woollen threads, human hair or a mixture of both. They are worn by married women; a rarer variation is the *isicholo* with a hole in the middle, the *inkheli*. This indicates that the wearer is engaged but not yet married. (Compare fig. 66f.)

164 Everyday scene in Keate's Drift, 1988. Women wearing *izicholo*.
Alltag in Keate's Drift. Frauen mit *izicholo*.
Photo: Frank Jolles, 1988.

The *amashuqu shuquka* ["of wrapping up, covering"] headgear, which is known as "bifurcated horns", is an old style which was popular in the 1950s and 1960s. It survived into the 1980s in isolated instances. It was constructed by covering two fairly tightly woven conical basket-like cane frames with wool or cloth. These frames were tied together, covered with a further layer of cloth representing the doek, or head-cloth, and then tied to the head. It could be worn by older or younger women, though where the dolls are concerned it is worn mainly by older women. (Compare fig. 22)

ANMERKUNGEN ZU DEN HAARTRACHTEN DER FRAUEN

Die am häufigsten getragene Kopfbedeckung ist der ausladende, mit rotem Ocker gefärbte Hut der Frauen des Msinga-Gebiets, der *isicholo* [Plural: *izicholo*]. Durch seine dekorative Erscheinung hat er auch in Europa und den USA Verbreitung gefunden. Auch auf den Fotos in diesem Buch begegnet man ihm häufig: seien es Frauen oder Puppen, deren Köpfe er ziert. Das »Grundgerüst« eines solchen Huts besteht aus einem Reifen aus Rohr, über den Wollfäden, Echthaar oder eine Mischung aus beidem gespannt werden. Der *isicholo* ist neben dem *isidwaba* eines der Charakteristika der verheirateten Frauen. Eine seltenere Variante bildet der *inkhehli*, ein *isicholo* mit einem Loch in der Mitte, Kennzeichen der verlobten, aber noch nicht verheirateten Mädchen. (Vgl. Abb. 66 f.)

Der *amashuqu*- (› shuquka: »abschließen, einwickeln, bedecken«) Kopfputz, auch »Gabelhörner«-Haartracht genannt, war in den 1950er und 1960er Jahren bei den Frauen beliebt. Dafür wurden zwei kegelähnliche, aus Rohrfasern fest gewebte »Rahmenformen« mit Wollfäden oder Stoff bespannt. Dann verband man sie miteinander und zog eine weitere Stoffschicht darüber, die für ein »Kopftuch« stand. Anschließend wurden die »Gabelhörner« auf dem Kopf der Trägerin befestigt. Diese Haartracht konnte man bei älteren und jüngeren Frauen beobachten. Bei den Puppen sind es hauptsächlich ältere Frauen. (Vgl. Abb. 22)

165, 166 Two styles of *amashuqu*.
Zwei Varianten des *amashuqu*.
165 The one is made of cane, a type of webbing and string. Height 17 cm.
Das abgebildete Exemplar besteht aus fest verwobenen Rohrfasern, Stoff und Bindfaden. Höhe 17 cm.
166 The one includes pink wool, chrome furniture studs and red gauze cloth. Height 25 cm. | Collection and photos: Frank Jolles.
Dieses Exemplar ist aufwendiger gearbeitet und wurde zusätzlich mit rosafarbener Wolle bespannt sowie mit Chromziernägeln und rotem Gazestoff geschmückt. Höhe 25 cm. | Sammlung und Fotos: Frank Jolles.

The *ufezela* is a hairstyle rather than a hair covering. The name means "scorpion" referring to the spiral, which resembles a scorpion's tail. It could occasionally still be seen in the early 1990s. Originally it must have been made using the wearer's own hair. The example shown on fig. 167 was made in KwaLatha in 1989 out of twine from the Bata shoe factory in Keate's Drift.

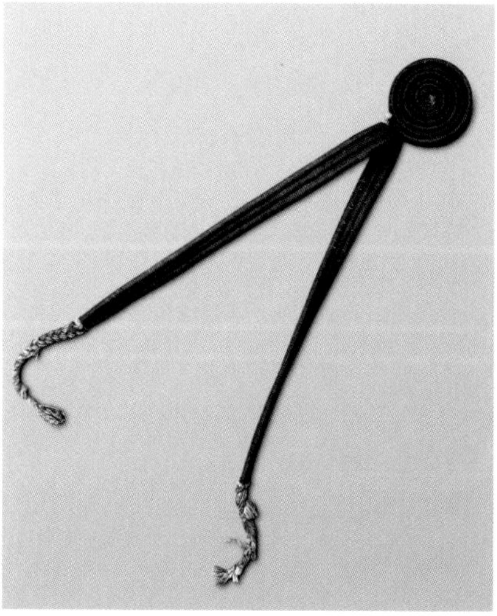

167 *Ufezela* from KwaLatha. Twine and string. Acquired: 1990. Length approx. 25 cm. | Collection and photo: Frank Jolles.

Ufezela aus KwaLatha. Garn und Bindfaden. Länge ca. 25 cm. Erworben 1990. | Sammlung und Foto: Frank Jolles.

ON POSTURE

"Sitting down out of *hlonipha* [respect for one's elders]. But not *makoti* [bride, young wife] because she has her feet crossed. She is not married." The traditional posture of a young wife [*umakoti*] is meant to enable her to get up quickly if she is asked to fetch something: "waiting what people say". [Crossing feet would impede her.] She could also sit her on her haunches propping herself up with both arms. (Conversation Lettie Mchunu, 9.5.2009) Here, the fact that she is not wearing an *isidwaba*, but an *ibayi* shows that she is not married. She is from KwaLatha (see also dolls on page 150).

Die *ufezela*, eher Kopfschmuck als Haartracht oder Kopfbedeckung. Der Name *ufezela* bedeutet »Skorpion«, was an den spiralig eingerollten Schwanz des Skorpions erinnert. Eine *ufezela* war noch in den frühen 1990er Jahren zu sehen. Ursprünglich musste dieses Schmuckelement aus Haaren seiner Trägerin bestanden haben. Das von Abb. 167 gezeigte Exemplar wurde 1989 in KwaLatha aus Garn der Bata-Schuhfabrik in Keate's Drift gefertigt.

ÜBER HALTUNGEN

»Die Sitzposition mit den zur Seite angewinkelten Beinen ist charakteristisch für eine *itshitshi*, einen ›Teenager, ein lediges Mädchen‹.« Sie nimmt diese Haltung aus *hlonipa* [Respekt vor den älteren Mitgliedern ihrer Familie] ein. Aber sie ist keine *makoti* [Braut, junge Ehefrau], denn sie hat ihre Unterschenkel gekreuzt. Sie ist nicht verheiratet.« Die traditionelle Sitzhaltung soll die junge Frau befähigen, sich jederzeit rasch zu erheben, wenn sie aufgefordert wird, etwas zu besorgen: »Wartehaltung« – »Abwarten, was ihr die anderen auftragen.« (Aus einem Gespräch mit Lettie Mchunu am 9.5.2009) Der Umstand, dass die junge Frau auf dem Foto keinen *isidwaba*, sondern einen *ibayi* trägt, zeigt, dass sie unverheiratet ist. Sie stammt aus KwaLatha.

168 "Sitting down out of *hlonipha* [respect for one's elders]. But not *makoti* [bride, young wife] because she has her feet crossed. She is not married."

»Die Sitzposition mit den zur Seite angewinkelten Beinen ist charakteristisch für Mädchen und junge Frauen.« Photo: Richard Ndimande, 4.5.1992.

Dedicated to the memory of the Reverend Clive Paul Newman (1964–2009), Anglican priest and committed anthropologist tragically murdered in the course of a car highjacking on November 7th. 2009.[1]

Dem Gedenken an Clive Paul Newman (1964–2009) gewidmet. Er war anglikanischer Pfarrer, überzeugter Anthropologe und wurde am 7. November bei einem Raubüberfall in seinem Wagen ermordet.[2]

1 Clive Newman was one of the very few anthropologists to venture into Zululand after the rural areas had become increasingly unsafe in the early 1990's. He was unassuming and modest, but a most meticulous scholar. His collections and detailed documentation form an invaluable record of Zulu life and culture in the 20th.century. He was also a caring person. In 2004 he initiated the ArtReach Program at the National Arts Festival in Grahamstown. This was designed to reach the marginalized members of society in the prisons, schools, hospitals and old age homes. The Festival Committee has dedicated the 2010 program to his memory. He was ordained in 2007 and at the time of his death had just been appointed Chaplain of Rhodes University. He contributed to this study in numerous conversations whilst staying at my house on his return trips from fieldwork in Zululand.

2 Clive Newman war einer der wenigen Anthropologen, die sich ins Innere von Zululand wagten, nachdem die ländlichen Gegenden Anfang der 1990er Jahre zunehmend verunsichert wurden. Er war anspruchslos und bescheiden, dabei ein äußerst gewissenhafter Forscher. Seine Sammlungen zusammen mit ihrer ausführlichen Dokumentation bilden eine unschätzbare Quelle der Kultur und der Lebensumstände der Landbevölkerung im zwanzigsten Jahrhundert. Darüber hinaus verlor er das Wohl seiner Mitmenschen nie aus den Augen. 2004 führte er das »ArtReach Program« am National Arts Festival in Grahamstown (die wichtigsten jährlichen Festspiele Südafrikas) ein. Sein Programm diente den Randgruppen der Gesellschaft in den Gefängnissen, Schulen, Krankenhäusern und Altersheimen. Das Leitungskomitee der Festspiele hat das diesjährige Programm (2010) seinem Gedenken gewidmet. Seine feierliche Einsetzung in das evangelische Pfarramt fand 2007 statt. Als er starb, war er gerade zum Kaplan der Rhodes University in Grahamstown ernannt worden. Die vorliegende Studie hat er im Verlauf vieler Unterhaltungen bereichert, die wir führten, als er auf Rückreisen von seiner Feldarbeit in Zululand in meinem Haus Station machte.

BIOGRAPHY
PROFESSOR FRANK JOLLES

After completing his studies with a PhD in German and English at the University of Goettingen, Frank Jolles took up an appointment as Head of the German Department at the New University of Ulster in Northern Ireland. He remained there for the next twenty years. A secondment to the University of Nigeria in 1978 stimulated what had always been a latent interest in anthropology and this ultimately led him to accept an appointment to the Chair of German at the University of Natal, now the University of KwaZulu-Natal at Pietermaritzburg, South Africa. That was in 1987. The University of Natal was known for its staunch opposition to apartheid under the leadership of an outstanding Vice-Chancellor, Piet Booysen. So it was perhaps no surprise that despite the fact that he held the Chair of German he was supported in his desire to conduct research in the rural Zulu hinterland of the University – a world unknown to most of his colleagues. Since his retirement from the University in 1994 he has continued this work as Hon. Research Associate of the University and Research Fellow of the Natal Museum. His recent publications have centered on cross-cultural studies, such as his work on trade dolls and SMS's, and material culture: carvings, ceramics and beadwork particularly with reference to the information embedded within them: in this regard his formal training in linguistics has been particularly useful.

BIOGRAFIE
PROFESSOR FRANK JOLLES

Nach dem Studienabschluss in den Fächern Germanistik und Anglistik mit anschließender Dissertation an der Universität Göttingen nahm Frank Jolles die Stelle als Leiter des Germanistik-Lehrstuhls an der New University of Ulster in Nordirland an. Dort lehrte er die folgenden zwanzig Jahre. Eine vorübergehende Versetzung an die Universität of Nigeria, Nsukka, im Jahre 1978 belebte sein bereits bestehendes Interesse an der Anthropologie. 1987 folgte er der Berufung an den Germanistik-Lehrstuhl der Natal Universität, heute die KwaZulu-Natal Universität in Pietermaritzburg in Südafrika. Seit seiner Pensionierung im Jahre 1994 setzte er seine Arbeit als Honorary Research Associate der Universität und wissenschaftlicher Mitarbeiter des Natal-Museums fort. Seine letzten Publikationen konzentrierten sich auf Studien aus dem Bereich der Vergleichenden Kulturwissenschaft, so auch seine Arbeiten zu den Handelspuppen, zum Inhalt und zur Verbreitung der SMS und zur afrikanischen Medizin sowie zur »materiellen Kultur«, welche sich mit Schnitzereien, Keramik und Perlenstickerei als Bedeutungsträger befasst.

EPILOGUE: PROFESSOR DR. H. C. VIKTOR DULGER

There must be a special reason why a high-tech entrepreneur active on a global scale has taken to collecting dolls and presenting them to the public.

My curiosity about the world and its peoples with their qualities and customs attracted my attention to what were allegedly toys from South Africa.

Africa is one of the world's great continents and is rich in minerals and natural resources. Although the exploitative colonial period has been a thing of the past for decades, no flourishing economies have come into being. For decades reports of atrocities and misery have shaped the image we have of Africa.

So you begin to wonder what the people on that "dark continent" might be like and what the ethnic customs there are. Craftsmanship primarily for its own purposes has brought forth small toys and souvenirs for city dwellers and tourists. They were probably never children's toys in our sense of the term or even utilitarian objects. Nonetheless, they reveal quite a lot about people's roots, origins and souls.

In order to understand Africa and be able to engage in building secure and orderly conditions there, also in the interest of ensuring stable export and import markets, we must first of all understand its people. I'm trying to do so. Even little dolls can help in the effort.
Immerse yourself with me into the world of Zulu dolls and let yourself be carried away by Professor Frank Jolles. To him and to Dr. Eisenhofer, both of them distinguished African-art experts, I am indeed grateful for their splendid work and help.

Heidelberg, November 2010

NACHWORT VON PROF. DR. H. C. VIKTOR DULGER

Es muss schon einen besonderen Grund geben, wenn ein global tätiger High-Tech-Unternehmer Puppen sammelt und diese der Öffentlichkeit vorstellt.

Meine Neugier auf die Welt und die Menschen mit ihren Eigenschaften und Gebräuchen hat mich auf die vermeintlichen Spielzeuge aus Südafrika aufmerksam werden lassen.

Afrika ist einer der großen Kontinente dieser Erde und reich an Bodenschätzen und natürlichen Ressourcen. Nachdem eine ausbeuterische Kolonialzeit seit Jahrzehnten abgeschüttelt ist, sind trotzdem bis heute keine prosperierenden Volkswirtschaften entstanden. Berichte über Grausamkeiten und Elend bestimmten seit Jahrzehnten das Bild für uns.

Da fragt man sich schon, wie denn die Menschen auf diesem „Schwarzen Kontinent" sind und leben und welche Volksbräuche es so gibt. Die Handwerkskunst für zunächst eigene Zwecke brachte kleine Spielzeuge und Mitbringsel für Städter und Touristen hervor. Kinderspielzeuge in unserem Sinn oder gar Gebrauchsgegenstände waren sie wohl nie. Sie verraten aber viel über die Wurzeln, das Herkommen und die Seelen der Menschen.

Um Afrika zu begreifen und am Aufbau sicherer und ordentlicher Verhältnisse auch im Interesse eines Entstehens von stabilen Absatz- und Einkaufsmärkten mitwirken zu können, müssen wir erst einmal die Menschen verstehen. Ich bemühe mich darum. Auch kleine Puppen können dabei helfen.

Tauchen Sie mit mir ein in die Welt der Zulu-Puppen und lassen sich von Herrn Prof. Frank Jolles dabei mitnehmen. Ihm und Herrn Dr. Eisenhofer, zwei ausgewiesenen Afrika-Experten, danke ich sehr herzlich für ihre großartige Arbeit und Hilfe.

Heidelberg, im November 2010

IMPRINT | IMPRESSUM

www.arnoldsche.com

AUTHOR | AUTOR
Frank Jolles

TRANSLATION | ÜBERSETZUNG
Joan Clough (German/English)
Claudia Fritzsche (English/German)

LAYOUT | GRAFIK
Katrin Schlüsener

PHOTO CREDITS | BILDNACHWEIS
All photos from | Alle Fotos von: Christoph Kühlewein except | mit Ausnahme von: Frank Jolles, Action Photos, Marianne Franke, Richard Ndimande (see respective image | siehe jeweiliges Foto)
Cover Image | Cover-Abbildungen: Fig. | Abb. 35, 45, 75, 94, 144
Frontispiece | Frontispiz: Fig. | Abb. 148
Map | Landkarte: Bengsch GeoGrafik

OFFSET REPRODUCTIONS | OFFSET REPRODUKTION
immedia23, Stuttgart

PRINTED BY | DRUCK
Leibfarth + Schwarz, Dettingen/Erms

Printed on PEFC certified paper. This certificate stands throughout Europe for long-term sustainable forest management in a multi-stakeholder process.

Gedruckt auf PEFC-zertifiziertem Papier. Dieses Zertifikat steht europaweit für nachhaltige und sozialverträgliche Waldbewirtschaftung.

BIBLIOGRAPHIC INFORMATION PUBLISHED BY THE DEUTSCHE NATIONALBIBLIOTHEK
The Deutsche Nationalbibliothek lists this publication in the Deutsche Nationalbibliografie; detailed bibliographic data are available in the Internet at http://dnb.d-nb.de.

BIBLIOGRAFISCHE INFORMATION DER DEUTSCHEN NATIONALBIBLIOTHEK
Die Deutsche Nationalbibliothek verzeichnet diese Publikation in der Deutschen Nationalbibliografie; detaillierte bibliografische Daten sind im Internet über http://dnb.d-nb.de abrufbar.

ISBN 978-3-89790-336-4

Made in Germany, 2010

ARNOLDSCHE art books are available internationally at selected bookstores and from the following distribution partners:

USA ACC USA, New York, NY, sales@antiquecc.com
CANADA NBN Canada, Toronto, lpetriw@nbnbooks.com
UK ACC GB, Woodbridge, Suffolk, sales@accdistribution.com
FRANCE Fischbacher International Distribution, Paris, libfisch@wanadoo.fr
BENELUX Coen Sligting Bookimport, Alkmaar, sligting@xs4all.nl
SWITZERLAND OLF S.A., Fribourg, information@olf.ch
SCANDINAVIA Elisabeth Harder-Kreimann, Hamburg, elisabeth@harder-kreimann.de
SOUTHERN EUROPE Joe Portelli, Bookport Associates, Corsico, bookport@bookport.it
EASTERN EUROPE AND RUSSIA Josef Kolar, josefkolar@aon.at
ASIA Ralph & Sheila Summers, formtone@dircon.co.uk
CHINA Benjamin Pan, benjamin.pan@cpmarketing.com.cn
JAPAN Yasy Murayama, yasy@yasmy.com
THAILAND Paragon Asia Co., Bangkok, info@paragonasia.com
AUSTRALIA / NEW ZEALAND The Scribo Group, French Forest, orders@scribo.com.au
SOUTH AFRICA George Thorne, george@stephanphillips.com

For general questions, please contact ARNOLDSCHE Art Publishers directly at art@arnoldsche.com, or visit our homepage at www.arnoldsche.com for further information.

Detail of KwaZulu-Natal showing the former Zululand areas
Detail von KwaZulu-Natal (mit früheren Zululand-Gebieten)

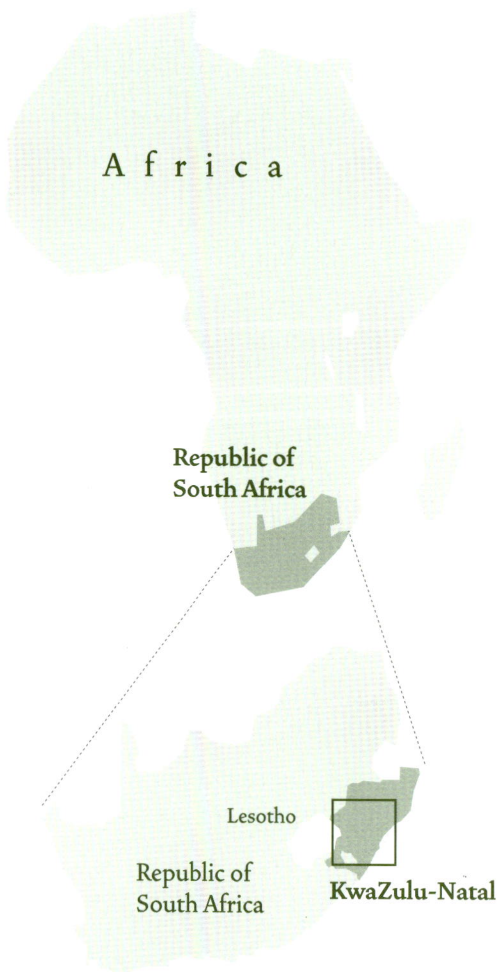

Legend | Legende

- State boundary | Staatsgrenze
- Province boundary | Provinzgrenze
- 4-lane highway | Autobahn
- Main road | Hauptstraße
- Main railway | Eisenbahn
- Former Zululand areas | frühere Zululand-Gebiete

0 20 40 60 80 100 km

Map | Karte: www.geografik.net (based on | basierend auf »Der Große Weltatlas«, RV Reise- und Verkehrsverlag und Kartographisches Institut Bertelsmann, Germany)

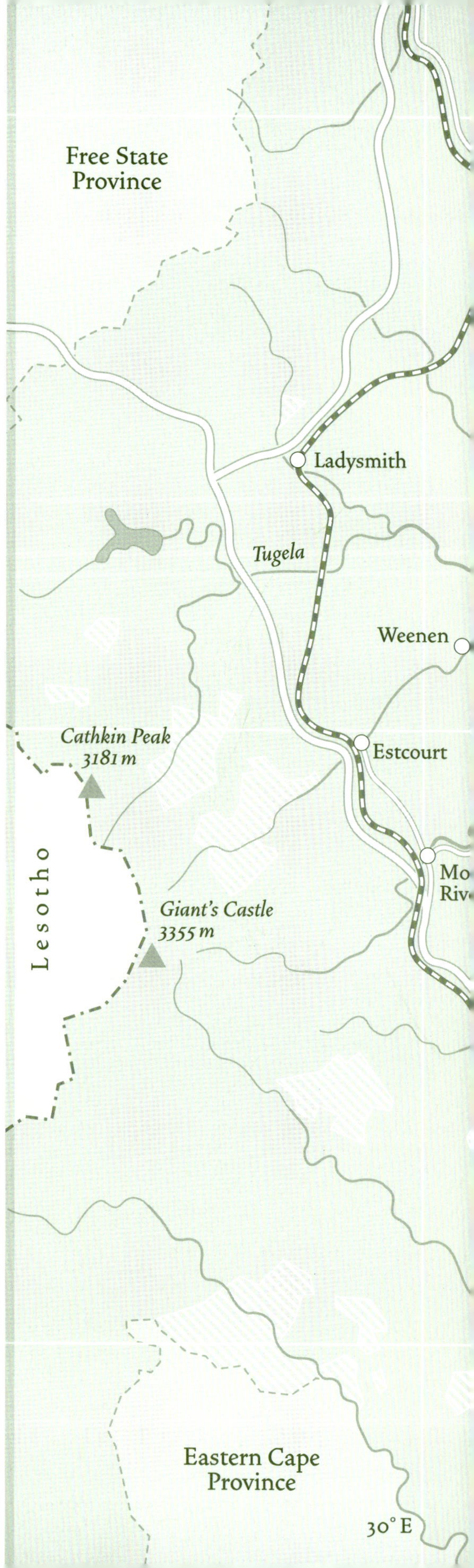